我用我的麵包工藝告訴來自世界 58 個國家廚師們
這世界有我跟這項專業的存在

陳文正

I use my Bread Showpiece to tell the bakers of 58 countries from the world.

The existing of I and my professions.

Chen Wen Cheng

NEW

藝術麵包工藝製作

Encyclopedia of Art Bread

陳文正 著

作者序

麵包是世界主要主食之一，早已有很久的歷史，製作技術更流傳於世界各國，近年來更發展迅速，不只是溫飽作用而已，一個好吃的麵包其風味口感、外觀形狀與烤培出的自然焦黃顏色，更是種整體的「色、香、味、美、型」的表現，而『藝術麵包』則是麵包類別中，最具有型，最能表現出主題與美觀的一門專業工藝技術。

記憶中，從事烘焙業開始的第一天，手被切麵刀割到血流如注，到現在已有二十多年，從麵包店學徒到飯店主廚，到至今的大學教職，一路走來全都是先進與專業們給予提攜與指導，才能有現在的微薄成果，當然也期許自己能為這烘焙業多少付出點心力，所以決定把自己近年來對「藝術麵包工藝」這門技術的熱忱與心得，以承先啟後的精神來完成，畢竟市面上所流傳的藝術麵包專業書籍很少，而書內所記載的技術也都已有相當年份，真正懂的人也不多，因此對有心要學習藝術麵包的人，往往不得其門而入，是種可惜，所以希望藉本書能幫助對烘焙業初學者與有興趣的人，對提升藝術麵包工藝有所了解，進而能發揮傳承作用。

學習任何一種工藝技術都需要付出耐心與毅力，藝術麵包這門功夫也不例外，當然還要有點主題想法來配合，才能給自己作品表現出型與美的整體感，好的主題作品若搭配細膩的手工技巧，所捏塑出的人物背景，會呈現出強烈的主體意識與生命力，更能讓每位觀賞者目光驚訝，讚不絕口，進而吸引無數的攝影燈光與激賞，這是每項作品的作者最具有榮耀與滿足的感受。

本書除了涵蓋藝術麵包的歷史、特性、概念、製作流程及主要用途與使用的工具、捏塑、烘烤技巧，還包括藝術麵包保存方式與各項國內外競賽規範說明等等，皆詳細記載，而捏塑技巧更以分層、分次逐一步驟的方式呈現。內容以最仔細的圖文註解，能讓讀者增加學習興趣並輕鬆上手，了解如何做出具有型與美的藝術麵包。不只是專業技能的提升，更能充實專業知識，激發捏塑技巧與主題創作的潛能，是值得您細心閱讀與學習的一本專業叢書。

陳文正

Author's Preface

Bread is a major staple food in the world. It has a long history. Its production technology has been very popular in the world. In recent years its development is much more rapid, not merely for a life at a subsistent level. Good bread should require delicious taste, texture and appearance with natural brown color, and its manifestation is the holistic combination of "color, smell, taste, beauty and shape". Among the bread categories, art bread is the most fashionable one and its professional craftsmanship can best present the themes and beauty.

In my memory on the first day of working in the baking industry, my hand was cut by a dough scraper and bleed like a stuck pig. It's been more than twenty years till now. I started off as a bakery apprentice to a hotel chef and now I am a college faculty. Along the way to the achievement I have today are the lead and guidance from the seniors and experts. I also expect myself to make dedication to the baking industry, so I decided to collect my knowledge, experience and passions to art bread craft in recent years into this book to inherit the past and usher in the future. Besides, there are not many professional books of art bread in the market, and yet the craftsmanship in the books is not updated neither well understood. It is a pity that those who are determined to learn art bread cannot find a way to get in the field. I hope to, by this book, help the bakery beginners and those interested in art bread enhance their understanding of art bread craft, and further pass down what I've known.

Learning any kind of craft technology, including art bread craft, requires patience and persistence. Of course, ideas for themes are so important to display the fashion and beauty of the works. With a good theme and delicate craftsmanship, the characters and background kneaded out will present strong consciousness and vitality as well as fascinate each viewer and win their praise, attracting numerous photographers and admiration. Such glory and satisfaction are the most honorable feelings to the creator of each work.

The book details the history, characteristics, concepts, production procedures and the main purposes of art bread as well as the tools used and kneading and baking skills of art bread. Ways to preserve art bread and the specification for domestic and international competitions were also recorded. The kneading skills were presented step by step with detailed illustrations. This book can increase interest in learning and is easy to use, enabling readers to understand how to make fashionable and beautiful art bread. It can not only enhance the professional skills, but also enrich the professional knowledge as well as inspire potentials of kneading skills and theme creation. This is a professional book worth your careful reading and learning.

作者介紹

陳文正
Wen cheng chen

｜現職｜景文科技大學餐飲系　專任技術級助理教授

｜學歷｜

1. 稻江科技暨管理學院休閑遊憩暨旅運管理研究所　碩士班畢業
2. 食品工程專科同等學歷畢業

｜授課項目｜

烘焙學 / 蛋糕裝飾 / 歐式麵包 / 藝術麵包 / 中式麵食 / 宴會糕點

｜專長｜ CCJ / 專業實務教學 / 國內外競賽指導 / 創新烘焙研發
烘焙產學合作

/ 專業證照 /

2013 全國技能競賽儲備裁判人才受訓合格
2012 PME 英式蛋糕裝飾專業課程受訓合格
2007 行政院勞委會烘焙技術士證照術科檢定監評合格
2004 MTP 勞工人員管理評鑑師資培訓合格
2000 HACCP 食品衛生危害管理評鑑合格
1993 烘焙技術士乙級證照檢定合格

/ 教學經驗 /

2015~2018 大葉大學	餐旅管理系與烘焙飲料調製學士學程	專任技術級助理教授
2010~2015 稻江科技暨管理學院餐飲管理系		專任助理教授
2009~2010 稻江科技暨管理學院餐旅管理系		專任講師
2010~2013 嘉義縣社區大學		烘焙教學老師
2000~2010 國立高雄餐旅大學烘焙管理學系		兼任講師
2007~2008 實踐大學高雄校區烹飪社團		指導老師
2006 大同技術學院推廣教育班創新烘焙課程		講師
2001~2009 高雄女子監獄烘焙教學		指導教師
1999 國立高雄餐旅大學西點烘焙餐旅系		講座

/ 業界經歷 /

2007~2008 台南羅斯特咖啡烘焙食品	烘焙課長
2006~2007 台南維悅統茂酒店	點心坊主廚
2002~2006 高雄金典酒店	點心坊副主廚
2000~2002 高雄漢王洲際大飯店	點心坊主廚
1999~2000 高雄晶華酒店	點心坊副主廚
1996~1998 華新西式餐廳	點心坊主廚
1995~1999 高雄漢來大飯店	點心坊領班
1994~1995 高雄霖園大飯店	點心坊副領班

/ 專業評審 /

2013~2016	全國技能競賽麵包職類	評審委員
2014~2015	全國商業類科烘焙技藝競賽	評審委員
2013~2015	高雄 - 易牙美食節「全國美食文化大展」蛋糕裝飾	評審長
2014	台南玉井芒果節芒果蛋糕裝飾比賽	評審
	新竹野薑花料理暨創意蛋糕比賽	評審
2013	嘉義市烘焙食品廠商衛生稽察	評鑑委員
	雲林大埤鄉在地食材創意美食競賽	評審
2012	國際 UIPCG 國際青年杯甜點大賽台灣區選手選拔	評審
	第四屆德麥杯創意麵包大賽	評審
2011~2012	國中技藝競賽烘焙職類	評審
	維益杯聖誕節鮮奶油蛋糕裝飾	評審
2011	台中市、屏東縣、台南市國中技能競賽	評審

/ 獲獎事蹟 /

2013 香港 HOFEX 國際廚藝挑戰賽 - 點心職類 Showpiecs	金牌獎
2012 上海 FHC 國際廚藝挑戰賽 - 點心職類 Showpiecs	銀牌獎
2012 高雄 - 易牙美食節「第十五屆全國美食文化大展」易牙廚藝競賽　彩繪蛋糕組	金焙獎
2011 全國餐飲創新研發暨文化深耕產學合作學術與實務研討會　技術論文研討	第一名
2010 新加坡 FHA 國際廚藝挑戰賽 - 點心職類 Showpieces	銅牌獎

光榮事蹟

賀

德國 IKA 奧林匹克廚藝挑戰賽
陳文正老師 1 金 1 銅

（中央社訊息服務 20161107 11:46:39）

四年一度的德國 IKA 奧林匹克廚藝競賽，10 月 22 日至 25 日在德國艾爾福特市登場，大葉大學〈Da-Yeh University〉餐旅管理學系陳文正老師分別用「三國」及「網路虛擬女神」當藝術麵包題材，讓來自世界各國的專業評審嘖嘖稱奇，勇奪一金一銅。

陳文正老師表示，獲得藝術類金牌肯定的「三國之馬超」，以西方主食「麵包」為主要發揮素材，採取藝術麵包工藝方式呈現，並套用東方歷史人物為主題。除了以立體麵包塑造主角馬超，他也將三國主要人物孔明、劉備、孫權及曹操，用版畫畫出圖樣，兩側再以 3D 模式捏塑出騎兵、戰馬、鬼面槍盾兵、戰豹等。

陳文正老師用麵包呈現虛擬世界女神
榮獲德國 IKA 奧林匹克廚藝挑戰賽銅牌

陳文正老師指出，現場藝術類銅牌的「女神 Xi Liya」，則是取材自網路遊戲，以西方虛擬人物為主題，塑造出女神肢體與版畫、飛天龍馬、兩位侍衛等。很開心兩件作品都能獲得評審肯定，此次參賽他特別帶領餐旅系學生邱盈豪、張德安、吳姿儀共同前往，讓學生親眼見證參與國際大賽的過程，同時體驗到德國當地的人文素養及生活。賽後台灣駐德國辦事處也派員接待台灣選手，嘉勉大家為國爭光。

「三國之馬超」

以西方主食「麵包」為主要發揮素材，採取藝術麵包工藝方式呈現。

勇奪德國 IKA 奧林匹克廚藝挑戰賽金牌

推薦序

藝術麵包工藝乃融合科學與人文藝術涵養，以純熟技術與創意的展現，其為廚藝代表之一。

本校陳文正老師以西方主食「麵包」為主要發揮素材，採取藝術麵包工藝方式呈現。勇奪德國 IKA 奧林匹克世界烹飪大賽藝術展示組金牌殊榮，並以麵包呈現虛擬世界女神榮獲德國 IKA 奧林匹克廚藝挑戰賽銅牌，實屬不易，在業界經驗豐富，在大學任教多年，造就許多優秀人才。

文正老師除了傳遞精湛的烘焙技術與藝術涵養予莘莘學子，更以身教激發學生藝術麵包製作的興趣與熱忱，深受學生喜愛，且常利用課餘撥冗指導同學，促使學生在國際競賽嶄露頭角。

文正老師有感於坊間藝術麵包工藝相關專書匱乏，慨然將藝術麵包工藝技術與創新見地透過著書傳承，嘉惠有志學習者，閱讀這本值得推薦的烘焙專書，俾受益良多。

洪 久 賢

景文科技大學 校長

推薦序

陳文正老師是一位為人與其作品一致讓朋友及學生感覺溫情有趣的師傅，景文科技大學餐飲管理系超級榮幸從民國 106 年 8 月 1 日網羅到此麵包工藝達人，陳師傅除熱衷開發烘焙新技術，融入大學廚藝教學及創新產品製作外，也針對學生個人專長啟迪莘莘學子，帶領學生進入美妙創新的烘焙世界。從去年起即熱心指導學生於烘焙蛋糕及藝術麵包工藝，參加多項國際比賽得到佳績。

謙恭低調的陳老師在華人藝術麵包工藝中，應當是本領域之頂尖人才。感謝陳老師在本校觀光餐旅學院的創客中心展示多款藝術麵包作品，有栩栩如生的獅子、及其它人物、花朵等，常讓來校觀摩者稱讚有加，並流連忘返。陳老師除精進烘焙專業素養與知識外，也積極與烘焙產業界密切互動，協助各烘焙企業進行新產品研發，並在全國技能競賽麵包職類擔任專業評審，是一位成功多元發展烘焙技術才能的教授級老師。

我相信從這一本書可以看見陳老師的端正為人、內心世界、及台灣高超的烘焙麵包工藝技術，欣聞陳老師此書大賣並要再版「NEW 藝術麵包工藝製作」，相信陳老師此毫不藏私的作品專書，將有助於有志從事烘焙廚藝專業人士及熱愛烘焙藝術的讀者，這本書是值得您用心一再閱讀及學習的烘焙專業好書。

胡宜蓁 Monica

景文科技大學觀光餐旅學院 院長

推薦序

陳文正老師為稻江科技暨管理學院廚藝管理學系任教已經邁入第六年，除了熱心發展新派烘焙技術，為正規大學烘焙廚藝教學注入新元素之外，更擅長啟迪莘莘學子，誘發學生內心的創作元素。近年來熱心指導學生精耕藝術麵包工藝，以優異的作品，轉戰國際大賽榮獲 2013 年香港 FHK 國際廚藝挑戰賽點心職類 Showpiecs「金牌獎」、2012 年上海 FHC 國際廚藝挑戰賽點心職類 Showpiecs「銀牌獎」、與 2012 年易牙美食節「第十五屆全國美食文化大展」彩繪蛋糕組「金焙獎」，是台灣本土培育極具潛力的創意烘焙新生代大師。除了帶領學生獲獎無數之外，陳老師也精進充實專業素養與知識，積極與廚藝產業互動，協助企業進行烘焙創新產品研發，並協助行政院勞動部辦理全國技能競賽麵包職類擔任專業評審，是一位謙虛用心，努力不倦的年輕學者。

陳老師對藝術麵包廚藝工藝的瞭解，應當是華人烘焙廚藝界的佼佼者。在本校烘焙教室展示的藝術麵包作品有人物、花朵、造景、器具，其中以多種麵包材料所製成的關公，展現出中國古代戰士身穿盔甲、騎馬提盾，雄糾氣昂、栩栩如生的氣概讓來校參訪的國內外貴賓印象深刻，也足以證明陳老師對藝術麵包的專業功力與超凡技術。一本好書所呈現的是作者的內心世界與畢生心血，欣聞陳老師即將出版「NEW 藝術麵包工藝製作」，並有幸成為第一位讀者，閱覽這本藝術麵包工藝製作的專書，可以完整認識藝術麵包食材、製作藝術麵包相關的工具與材料，尤其在「藝術麵包麵團特性技術」這個專章中，看到陳老師毫不藏私、展現畢生研究的功力與成果，讓我這個初學者嘆為觀止，相信更有助於其他專業先進得以一窺藝術麵包這項精巧工藝的堂奧與精妙。

吃得飽是科技、吃得好是經濟、吃得巧是人文。這本書可以一次看見台灣的廚藝技術與豐富的人文風景，是有志以廚藝作為畢生志業的專業人士與熱愛人文藝術的讀者，可以細細品味的經典著作，並值得您用心去閱讀學習的烘焙專書。

廖漢雄

國立高雄餐旅大學　烘焙管理系　教授級專技人員兼系主任

勞動部　全國技能競賽（麵包製作職類）　裁判長

UIBC 世界青年西點競賽聯盟　國際裁判

推薦序

藝術麵包讓我與陳文正老師相識，記得在陳老師的論文發表研討會上，不斷地表達藝術麵包的歷史與技術延伸；主要是想將製作的技術提供給喜愛藝術麵包朋友，無私奉獻地將他所了解與技巧，呈現在這一本專業藝術麵包烘焙書「NEW 藝術麵包工藝製作」！

作者陳老師無私分享他精心研發製作的藝術麵包，這是一本最專業烘焙工具書，必能為烘焙業注入新題材，可以在學術與業界間相互砥礪學習，相信對各位讀者必能有所啟發。

黃威勳

2012 法國世界盃麵包大賽季軍

La Whale Boulangerie 阿崴烘焙工坊

文正是我認識多年的好友，在同僚間他是個風趣且幽默的人，遇到瓶頸時不恥下問，遇晚輩細心教導，完全沒有架子；在求職的過程中為了學習知識與技能，不時轉換跑道，一路從麵包店、飯店、五星級酒店，最後投入教學工作，實務經驗豐富技能紮實。

為了精益求精不斷挑戰自我，以透過競賽來激發自己的創意，參加過許多國內外競賽獲獎無數。

作者文正先生毫不藏私彙整所學將出版「NEW 藝術麵包工藝製作」，架構完整，內容由淺而深簡單易懂，是一本專業實用的工具書，值得推薦給所有喜愛麵包藝術的朋友。

曹志雄

2008 法國世界盃麵包大賽亞軍

台南應用科技大學　餐飲系　副教授級專業技術人員

推薦序

期待已久～陳文正老師的藝術麵包書終於「出爐」了！
這本集結陳老師拿下無數世界級藝術麵包大賽的冠軍手藝
把只是麵粉加水的麵團，注入豐富多元的生命力
每個藝術麵包都充滿靈魂與感情
不但外型栩栩如生，口感更是頂尖水準。

把麵包如同藝術品般要求完美，如同書裡每一個步驟
都是陳老師多年來不斷研發精進的心血
對每一個小細節他都嚴格要求
讓你從書中可以打下最好的基礎，也學到最精華的手藝。

我是陳老師的學生，有老師細心指導，啟發我對烘焙的熱忱
一直期待他能把「武功秘笈」大公開，終於等到他把心血集結成書
絕對是目前業界最專業也最詳盡的藝術麵包教學
是我們烘焙老師必買的教科書
也推薦想一次學好藝術麵包
絕對讓您受益良多！

杜佳穎

臺北城市科技大學　餐旅管理系　助理教授級專技人員
電視節目　用點心做點心 點心老師

Contents

第一章
藝術麵包概論

第一節　藝術麵包的歷史

一、麵包的歷史

最早的穀物加工食品出現在西元前八千五百年的中東地區，是將大麥或小麥烤過後再搗碎成粗粒的穀粉加水，剛開始被用來煮粥和主食配菜，之後做成圓餅放在熱灰燼或熱石頭上烤培，這種烤餅正是麵包的始祖 (Professeur Raymond Calvel，2002)。

埃及人是世界上最早利用發酵來做麵包，西元六千年前，古埃及的比斯人的墓地畫壁中，可看到人們正在製作麵包過程 (徐華強等，1999)。

1949 年之前台灣烘焙產業受日本殖民地之影響，以糕餅類做為主流，由大陸徹退來台之烘焙業界，利用已有之歐美烘焙技術，帶動本省傳統糕餅店投入並經營麵包、蛋糕店 (盧訓等，2008)。

二、藝術麵包的歷史

「藝術麵包」俗稱裝飾麵包或工藝麵包，是一種能結合大自然烘培色彩及手工捏塑的技巧所呈獻出美感的作品，據我所知，藝術與麵包的結合可追溯到古羅馬時代：一位藝術家受邀到一棟貴族豪宅，似乎是在龐貝城，製作一個里拉琴形狀的麵包，從那時起，藝術跟麵包便成為好搭擋 (Lionel Poilane，2011)。

1992 年由法國烘焙大師 Mr. Christian Vabret 發起，每三年一次在法國巴黎烘焙展覽會（Europian Show）時舉行的世界麵包比賽，經過幾屆後由路易樂斯福（Louise Lesaffre）酵母公司承辦，2006 年改名為路易樂斯福世界杯麵包比賽至今，並把藝術麵包列為指定競賽項目之一 (世界杯麵包大賽消息網站，2008)。

在現今的烘焙業界將裝飾麵包製作成各種造型或圖案，然而再多加點創意，這些裝飾麵包就能增加其視覺上的美感，更能製造出一股特別的手感藝術的氣氛，如此不但能具有廣告效果而且能更有經濟效益，同時還能突顯出其精緻手藝，獨特的產品表現，能表達烘焙者所要傳達的設計主題與創作理念 (戴淑貞，2008)。

就以上文獻得知，西元前八千五百年的中東地區就出烤餅，正是麵包的始祖，藝術麵包起源於古羅馬時代龐貝城市，麵包從此人類主食象徵中，衍生為更有形與美的藝術作品。

2008 年世界杯麵包大賽臺灣選手
曹志雄先生
藝術麵包作品：祥獅獻瑞

第二節　藝術麵包的基本概論

『藝術麵包』，指的是種外型具有藝術美觀的麵包，色經由烤箱烘烤，產生麥香風味，來完成的一種「可食性」麵包作品，藉由人工捏塑技巧並搭配多項美術概念，經由烤箱烘烤後，再進行展示的工藝作品。藝術麵包所使用的麵團不只一種，每種麵團都有其不同的反應作用，當然所調配的顏色也需以食材的原色來呈現，如蕃茄紅、抹茶綠、咖哩黃、竹炭灰、墨魚黑等素材來添加增加其配色，例如抹茶吐司，形成天然綠色，最為恰當，不適合以食用色素來添加，因為要經過烘烤，而經過烘烤所產生梅納反應與焦糖化效應，其麵包表皮的焦黃色，是其他工藝無法取代的。

近年來，烘焙食品產業興起，資訊傳輸發達，國外專業技術資訊相繼湧入，也造成大眾對各項烘培工藝作品的好奇心，與提昇了專業技師的學習興趣，如拉糖工藝講求的是配色與糖溫亮度，巧克力工藝要求的是調溫與塑形，小型工藝在乎的是精緻與細工，以上工藝都是以調配食用色素或色膏，來表現出其亮麗顏色，而麵包需經過烘烤後，來表現出其獨特的著色美感，作者個人對藝術麵包整體配色的建議，一座完美的藝術麵包工藝作品，以烘烤出的麵包焦黃色佔為最大比率，而其它配色加總比率以不超過整體作品為百分之三十最恰當，若全部均以調色麵團搭配，就忽略了藝術麵包需烘烤熟化的本質，也失去了麵包經烘烤過後，所展現出的風味與表皮焦黃著色的自然表現。

藝術麵包製作時，麵團加水混合，會產生麵筋狀態，其麵筋內是有彈性與韌度，在製作時需有一定的過程。而且藝術麵包麵團也分很多類別，會因類別不同所衍生的特性也不相同，藝術麵包的製作套用壓延、切割，捏塑、批覆、烘烤等技術來完成，也可藉由美工技巧與工具來輔助完成。很多人對將藝術麵包的觀念，都僅限於展示觀賞用，其實不盡是如此，在配方中可以多添加雞蛋、牛奶、奶油、水等柔性素材，增加其食用時柔軟口感與營養價值，並可把外型作成如愛心或聖誕老公公、卡通等造型，並可以客製化方式或展示販賣行銷。

第三節　藝術麵包的特性介紹

藝術麵包是活的、有生命力的，每次創作出來的成品都是獨一無二的，不能再出現完全相同的作品，裝飾麵包之所以和其他藝術品創作不同之處在於它的原料普遍，有麵粉、糖、鹽、蛋、油、水等隨手可得，再配合簡單的工具及靈巧的雙手，一件件造型獨特、賞心悅目的作品即誕生了。烤箱則是最後一道試煉，經過烘烤過後的作品會因為麵粉內含的微量酵母菌，而產生些許的變化，我們的創作更飽滿、圓潤，色澤更亮麗，也孕育出作品的生動、活潑。因此，在創作的同時，別忘了注入您的愛心關懷與期待 (陳智達，2001)。

裝飾麵包在藝術創作上其獨特性質與其他藝術品不同之處在於 (一) 原料普遍能取得，麵粉、糖、鹽、油、水等隨手可得，價格低廉。(二) 水份較少，產品含水量 43%。(三) 容易塑形，造型可立體或平面搭配。(四) 產品運用範圍廣泛，可品嚐、觀賞、擺設裝飾等藝術表現。(五) 式樣可大可小，可由設計者自由發揮主題，藉由手藝技巧創作，(戴淑貞，2008) 製作好的裝飾麵包必備條件：(一) 需有良好的外觀，不易萎縮、龜裂、變形。(二) 產品不易發霉，不軟塌，製作時能控制水分、延長烤焙時間、以便儲存、展示 (王文華，1994)。

藝術麵包的式樣很多，可從切割不同形狀開始，輔以不同刀紋線條及手工捏塑，使其顯得更為可愛。例如卡通人物造型、向日葵花、老鼠、小豬等。運用推砌方法，在包覆塑造一些凸起形象增加立體的效果，例如：製作麵包招牌或使用編織手法編成花結、大花籃、愛心等，越編越有趣味。若把麵包捏塑成可愛動物造型，除了能增加商品價值外，更會令人愛不釋手，捨不得品嚐 (黎愛基，1996)。

由以上學者文獻，對藝術麵包特性的看法中，讓我們了解藝術麵包其實很好塑形，能發揮的空創意很大，材料也取得容易，由人手工捏造成形，再經乾燥後固定形狀，與巧克力工藝、拉糖工藝最大不同點，必需過烤箱烘烤著色後，形成最自然可食性的藝術作品，而烤熟著色後所散發出的麵包麥香氣，更是一般藝術品無法比擬，作者對藝術麵包特性的詮釋，是種工藝技術表現，經由麵粉、水、糖、鹽、油脂等主食材攪拌成麵團基本體，壓延光亮後，捏塑成形，烤焙著色，再組合完成的可食性麵包工藝作品，其作品可適當乾燥，保存一段時間，不只是美觀裝飾用途，可以在製作時添加雞蛋、奶油、牛奶與酵母含量，來增加其營養價值及提升品嚐時口感，也可以經由客製化製作行銷或完成後陳列保存販賣。

第四節　藝術麵包的製作流程

製作藝術麵包如同麵包工藝品的展現，其流程極為繁覆，需按步就班，馬虎不得，作者對藝術麵包製作流程，彙集如下列：

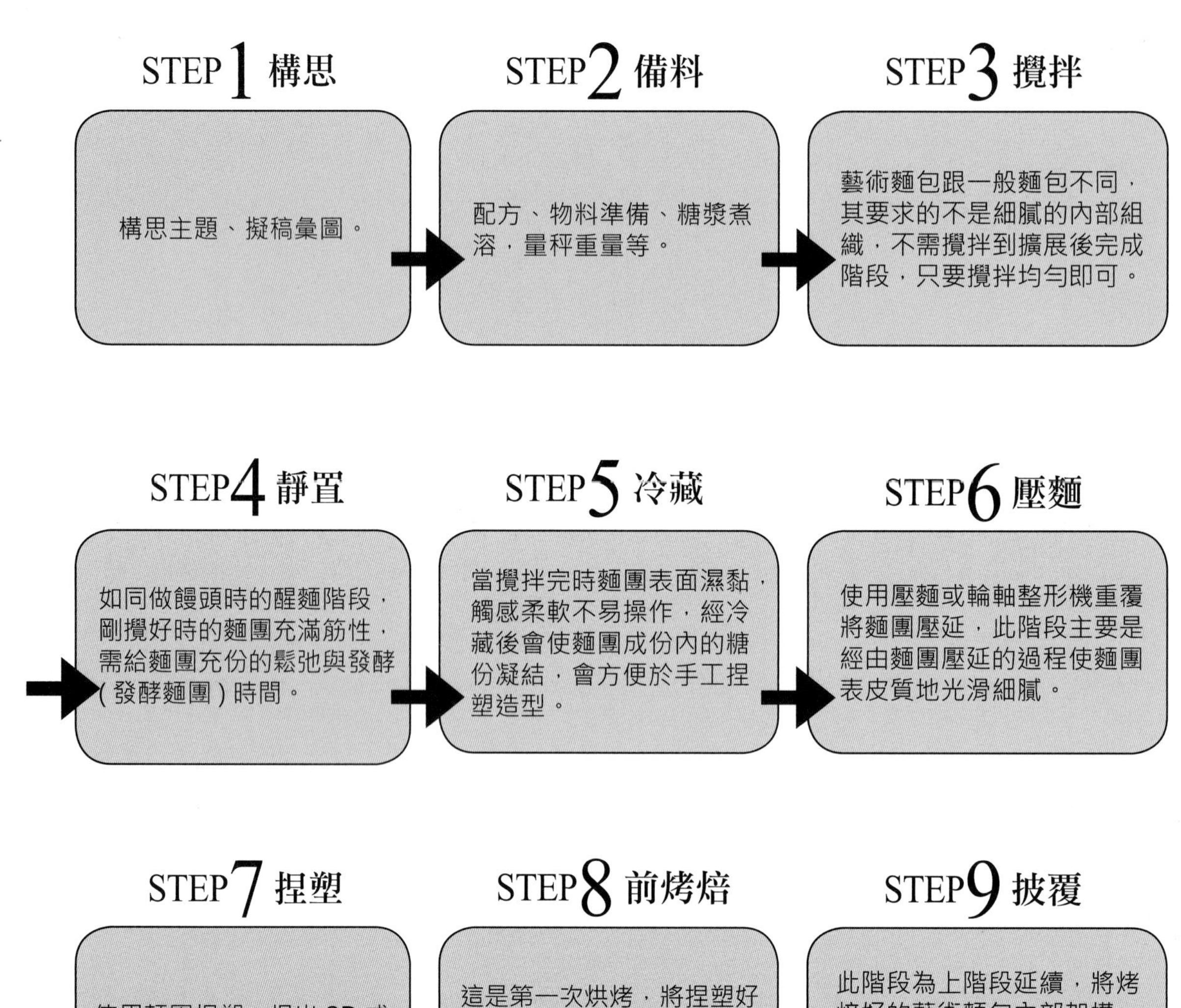

STEP 10 裝飾

使用多款麵團搭配顏色變化，用手工裁定、捏塑配件、美工繪畫為作品做出最精緻的搭配，例如人偶的衣服、頭髮、鞋子及手飾等，是作品的細工技巧最重要的表現層面。

STEP 11 擦蛋水

在作品主體與細工都完成後，擦拭蛋水能使麵包烤培著色後，表現出自然烘烤後的光澤，但也可依作品需求性搭配，產生出漸層色澤對比。

STEP 12 後烤焙

最後烘烤是作品完成的最重要步驟，需要等作品做好並鬆弛，可先低溫 110/110℃ 進烤爐烘乾表皮。再高溫烤其著色後降溫悶烤。而其著色的深淺表現程度可依需求而調整。

STEP 13 冷卻

避免作品受潮，發霉或軟化、坍塌現象產生，烘烤完成後需在室溫靜置 3~5 小時以上，放在陰涼處降溫後，再放入展示箱，烘烤完成的作品不可放入冰箱冷卻。

STEP 14. 保存

展示箱內部需放置防潮石或防潮包，以便乾燥存放，也可以在作品外觀，噴上一層巧克力亮光液，使其保存時間更長久，外觀也更顯著，若展示時，作品因受潮濕，麵包有軟化現象，可再放入烤箱低溫烘烤，將水分蒸發後，就可恢復原狀。

第五節　藝術麵包的主要用途

60~80 年代經濟大蕭條，當時最夯的是動物麵包，用的是低成本菲律賓麵團，口感平淡，卻以造型取勝，有鱷魚、螃蟹、青蛙等各式藝術造型，深獲小朋友喜愛 (何進興，2009)。

對於藝術麵包主要用途，多數人都以裝飾擺設在烘培麵包店或飯店麵包區餐檯前，以手工藝術品方式來吸引顧客眼光，經由時代趨勢改變，目前能看到藝術麵包作品已不只是如此，在世界各國的烘焙食品展覽場可以看到它，在國內外麵包相關競賽也有藝術麵包蹤跡，除此也有烘焙業及飯店點心坊在節日慶典時，推陳如聖誕老公公及父親節、母親節臉譜的藝術麵包造形應景販賣促銷，而寺廟紀念時，也可以塑型如：魚、雞、蝦及人物造型，祭祀供奉，並可在配方中多添加雞蛋、奶油、牛奶等柔性素材來增加風味及口感。

針對藝術麵包的主要用途與方式參考如下：

用　　途	用途方式	用途屬性
一、美觀展示	大型食品烘焙展覽、飯店烘焙銷售點心坊、麵包店面櫥窗展示、居家收藏。	展示
二、節慶紀念	情人節、父親節、母親節、聖誕節、萬聖節、生日。	食用
三、祭祀供奉	宗教、廟宇、先祖祭祀。	食用
四、宴客餐會	飯店、外燴、宴桌展示與食用。	食用與展示
五、競賽陳列	世界杯麵包大賽團體與個人賽、國際廚藝美食大賽麵包與麵團職類、全國技能競賽麵包職類、國內麵包職類競賽。	展示 (需可食性)
六、一般食用	飯店點心坊、麵包店、市場、夜市麵包攤、拌手禮盒。	食用

2012 年世界盃藝術麵包得獎選手黃威勳先生，將其得獎作品「彌勒佛」以比率縮小方式，作為再開設麵包店販賣行銷。

2012 年黃威勳先生在世界杯麵包比賽藝術麵包獲獎作品：彌勒佛

黃威勳先生將得獎作品以比率縮小方式，呈現在阿威麵包店內銷售。

第六節　藝術麵包的保存方式

台灣地屬海島型地區，四處環海，天氣較為潮溼，對各項烘焙工藝(拉糖、巧克力、藝術麵包)作品，均不易保存，藝術麵包其製作過程時需經過烤培，藉由烤箱熱度將麵團內部水份含量逐漸蒸發，當低溫烤培時間越久，其內部水份則會越少，麵包的質地就越硬實，防止作品倒塌與保存就越長。

在一般烘焙店面存放的藝術麵包，若經長時間低溫烘烤後，都能存放兩星期以上，若在存放在玻璃櫥窗內展示，則可保存一個月以上，櫥窗內可適當放置乾燥石與乾燥包，更能延長保存時間，在存放的四周可放置或塗抹醋酸及檸檬酸來防止蚊蟲靠近，競賽用展示框架，多數均放置於透明壓克力盒，盒底層需有可適當空間放置防潮石，防潮石經烘烤後，可再重覆使用。

在製作過程中，當使用麵團批覆加工時，需固定表皮，防止麵團因空氣間的濕氣滲透而產生發酵軟化，所以會將作品放入四周封閉的空間，如乾燥機、防潮箱或未插電源的冰箱機具內，乾燥保存成形數日後再進行烘烤著色。若作品因受潮有微軟化的現象，可再經由烤箱低溫烘烤後，保持原來硬實狀態；使用低溫烘烤時，以炫風式直立烘烤箱為最佳選擇，因為可使作品佇立受熱烘烤，而且在烘烤時水份散發速度也為一般橫式電烤箱來得快。

一般用來展示用的藝術麵包作品，在放置於展示箱前，若純屬觀賞，可在作品塗抹一層透明膠，若是限定食用或競賽規範時，可外噴一層巧克力亮光液或玉米烤盤油，除了能增加作品亮度呈現，還能適當隔絕空氣中的濕氣，增加作品陳列的保存時間。

第二章
藝術麵包食材的認識

第一節　藝術麵包麵團食材功能

藝術麵包麵團種類眾多，所要用到的原物料，跟市面上麵包製作時大致相同，常用製作麵包材料如下列：

主要材料	副材料	添加物
基本主要元素	改善麵包品質結構	改善麵包品質結構
酵母　鹽　水　麵粉	糖　油脂　蛋　牛奶　乳粉…等	香料　食用色素　乾果　果肉　茶粉　餡料…等

〔藝術麵包麵團食材功能表〕

麵粉

高筋麵粉：製作麵包類之應用。

中筋麵粉：製作包子、饅頭、麵條及中式點心類。

低筋麵粉：製作蛋糕、餅乾類。

小叮嚀：以上三種麵粉，可依需求不同，比例而增減。

糖類

白砂糖　糖粉
二砂糖　乳糖

供給酵母發酵的主要能量來源，增加改善產品的理想顏色，增強其它材料的香料，改善麵團的物理性質軟度、強韌度，增強溼度的保留，提升風味甜度。

食材	圖片	種類	功能
鹽		一般食鹽 海鹽	綜合甜味 抑制酵母發酵 增強麵筋性
奶油		天然奶油 人造奶油	柔軟麵筋性，抑制麵包老化，增長麵包保純時間，增大麵包體積，改善麵包組織、光澤、口感。
酵母		新鮮酵母 快速乾酵母 天然酵母	使發酵產品鬆軟，發酵後增加體積，同時產生特殊的發酵風味。
雞蛋		白蛋 土雞蛋	增強烘焙產品的營養價值，增強烘焙產品的香味，改善組織及滋味，增強烘焙產品的顏色，提供乳化作用，改善產品顆粒，增加柔軟，改善產品的儲存性。
奶粉		全脂奶粉 脫脂奶粉	增加吸水量及麵筋的強度，提升攪拌彈性，加深外表顏色，增強保存性，豐富營養價值。
液體油脂		沙拉油 橄欖油	增加麵筋韌度，提升風味與口感，豐富麵包嚼勁。
水		一般飲用水 天然礦泉水	促使麵筋形成，構成麵包骨架。 增長麵包可食用的時間，保持較長久的柔軟質感。

第二節　藝術麵包裝飾食材功能

藝術麵包製作或展示時，可以在麵團內添加穀類或有自然色系的食材，來提升風味與色彩表現，而外觀可以使用食用色膏，來少部分彩繪點綴，也可以將麵粉灑覆在表面，或將粉漿塗抹在麵包表面，為了要使藝術麵包在展示時更有光澤，可以在作品外觀塗抹或噴上一層玉米烤盤油或巧克力亮光油來增加作品外觀亮度，當然也可以將穀類或麵包屑、常用食材鹽、糖來塗抹外表或鋪灑底部，當作土堆或石牆裝飾，但只能局部裝飾，所占的裝飾面積比例不可太多。

〔藝術麵包裝飾食材功能表〕

名稱	材料	作用
食用色素	食用色膏、食用色粉、融化黑巧克力、白巧克力	塗抹外表、增加色系表現
自然色系食材	番茄醬、咖哩粉、鬱金香粉、竹碳粉、墨魚汁、紅麴粉、草莓粉、抹茶粉、菠菜、紅蘿蔔、紫山藥、紅色火龍果、可可粉	添加麵團內攪拌、增加色系表現、提升麵包風味
麵粉	高筋麵粉、低筋麵粉、玉米粉、裸麥粉、黃豆粉、雜糧粉	麵團內攪拌、塗抹外表、增加風味及色系
亮光液	沙拉油、玉米烤盤油、巧克力亮光油	塗抹外觀、增加亮度
穀類	黑、白芝麻，五穀雜糧類、麻亞子、乾燥罌粟籽、小米、小麥、小爆米花粒、燕麥片	麵團內攪拌、塗抹外觀增加風味及裝飾性
麵包屑	巧克力麵包屑、生麵包屑、烤過麵包屑	塗抹外觀、鋪灑底部
一般食材	鹽、粗鹽、糖、糖粒、奶粉	塗抹外觀、鋪灑底部

第三章
藝術麵包的工具介紹

製作藝術麵包時，所能使用輔助工具很多，但不可以在麵團添加化學染料或在表面上塗抹色膏等非可食性原料，更不能在麵團內部存放鋼絲、保麗龍、木條繩索、線條等非可食性支架，以確保製作出的藝術麵包，不違背可食用性之本質，並能充份表現出作品製作難度；為了使藝術麵包製作時更有美感，很多工藝類作者都會適當使用美工技巧，如製圖、繪畫、製模、捏塑、雕刻等，來加強整體的美觀設計與美感，強化主題表現的優勢。

本書將製作藝術麵包時，所常用工具大致分類為：烘焙機具、烘焙器具、美工工具等三類，烘焙機具及烘焙器具為製作烘焙產品，是蛋糕、麵包時常使用的必備器材，而美術工具則是出現在美工製圖、繪畫、製模時使用，並將使用的用途及其功能詳細說明如下：

〔烘焙機具用途與功能表〕

機具名稱	用途	功能
攪拌機具組	攪拌麵團	攪拌材料、完成主麵團
橫式壓麵整型機	壓延麵團	麵團重疊緊密、表面光亮
直式壓麵滾輪機	壓延麵團	麵團重疊緊密、表面光亮
橫式烤箱	烘烤	橫式烘烤著色
直式烤箱	烘烤	直式烘烤著色
旋風旋轉烤箱	烘烤	直、橫式 180 度旋轉烘烤
工作洗滌台組	操作區	切麵、壓延、整形
壓克力展示箱組	展示	防潮、展示
桌上型麵條機	壓延、切割	壓薄、平均分條片

〔烘焙器具用途與功能表〕

器具名稱	用 途	功 能
物料盆	填放材料	一般物料填充、秤重量
鍋子	煮沸	煮糖水、溫水
長、短擀麵棍	壓延	壓延展開
烤盤	作品放置	靜置、烘烤
矽膠墊	烤盤墊用	防底部沾黏
量杯	秤重量	秤量水、液體
噴水壺	噴水	減少水分散發後表皮乾裂
切麵刀	切割	切割麵團
磅秤	秤量重量	秤量配方所有物料重量
毛刷	刷粉、刷蛋	刷飾表面
粉刷	刷粉	刷飾粉沫
壓模具組	固定壓模成形	壓切定型
塑膠袋	密蓋、包覆	保持麵團水分
保鮮膜	包覆、防潮	保持麵團水分、防止作品潮濕

〔烘焙器具用途與功能表〕

器具名稱	用 途	功 能
鋁薄紙	防沾黏	包覆模具、防止沾黏
玉米烤盤油	防沾黏、增加作品表面光亮	防止模具沾黏、增加成品表面光亮
杏仁糕塑形工具	塑形	塑型輔助工具
雙頭切麵齒、輪刀	切割	尺寸切割
網輪刀	切割	尺寸切割、拉開成網
針輪刀	打孔	烘烤時在麵團表面打孔，防止表皮凸起氣泡
牛刀	切割	麵團重量、尺寸切割
小刀	切割、削	成品切割，削飾
橡皮刮刀	刮鋼、刮餡	攪拌，杓餡
半圓球模	塑型	披覆、壓延成形
小粉篩網	灑粉	麵團表面粉飾
慕斯半圓弧槽	模具	乾燥塑型
溫度計	測量溫度	發酵麵團，測量溫度

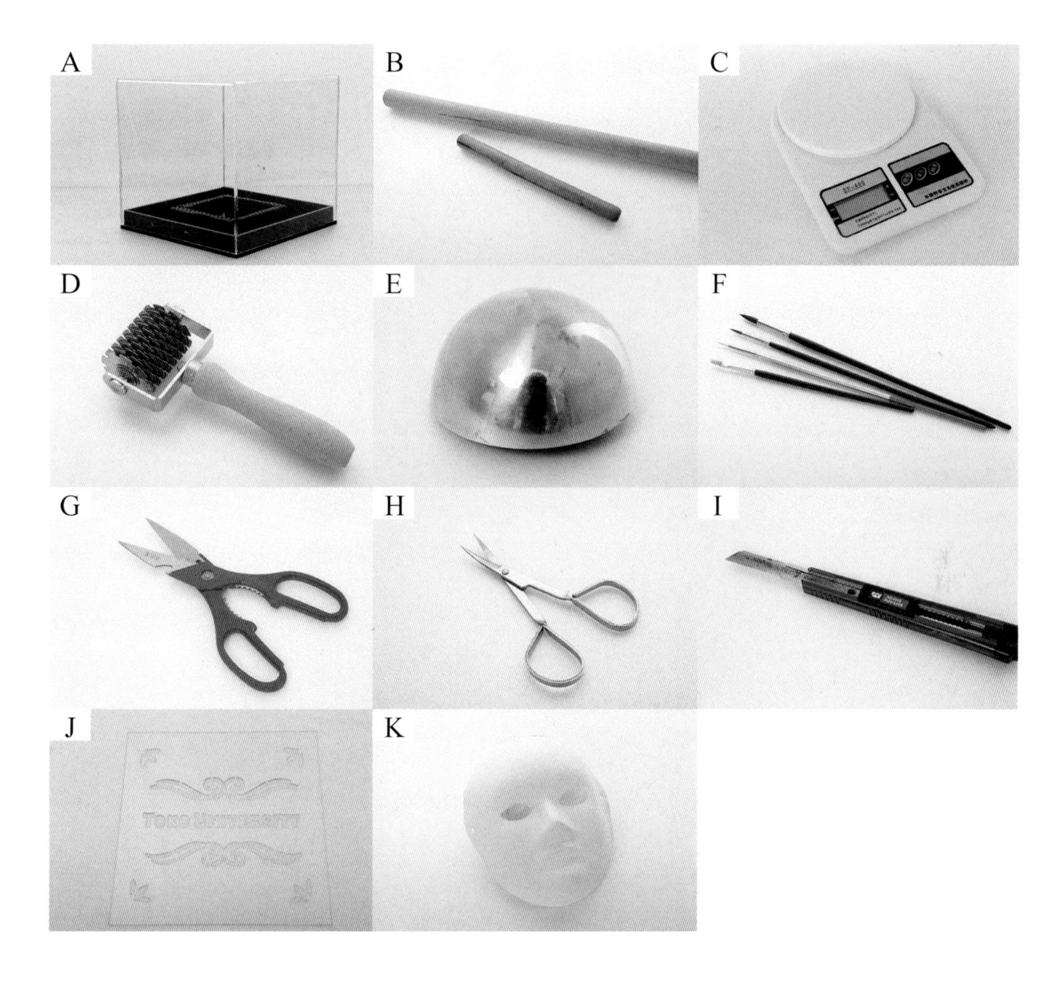

A. 壓克力展示架
B. 長、短麵棍
C. 磅秤
D. 網輪刀
E. 半圓球模
F. 細畫筆
G. 剪刀
H. 彎剪刀
I. 美工刀
J. 塑膠墊板
K. 臉譜膠片

〔美工工具用途與功能表〕

工具名稱	用途	功能
長、短尺	測量	距離，尺度(長、寬、高)
皮尺	測量	距離，尺度(長、寬、高)
圓規	畫弧圓形	測量，圓形製作。
細畫筆	繪畫	細條字體撰寫、繪畫
薄紙板	切割、鏤空	塑形、捐印
厚紙板	切割、鏤空	塑形、捐印
剪刀	切割	三角尖型
彎剪刀	切割	三角尖翹型
報紙	輔助	墊底、防止透熱
美工刀	切割	切割紙板
白報紙	繪圖、主題、配方說明	多用途
透明紙	素描	輪廓浮印
塑膠墊板	切割鏤空	捐印
捐印網板	網版	捐印
臉譜膠片	模具	乾燥、定型
烤肉網架	模具	乾燥、定型、烘烤
雞蛋凹凸槽	模具	乾燥、定型、低溫烘烤
底座	支撐架	固定作品、烘烤
細針	打孔	麵團烘烤時能透氣、減低高溫時表皮所產生的凸起氣泡。

第四章

藝術麵包的麵團特性

不同的配方物料組合會產生不同麵團特性，在製作藝術麵包時，可依其特性運用需求而搭配。(黃威勳，2012)

一項好的藝術麵包工藝作品，所套用的不只美術道具與捏塑技巧就能實現，還需對各項藝術包麵團其特性，要很細心去了解，早期人們都將已作好的麵包或把各種不同的麵包組合起來，以各種形態陳列在廚窗上，而其多數都以法國長條、編織成條的歐式麵包、表皮圓滑的不理歐麵包等。隨著現在的資訊傳播快速，對藝術麵包這項工藝技術，不再是以前那般用所販售的麵包麵團來製作，新的作法、新的麵團種類相繼推陳出新，也豐富了表現方式。

麵粉與水攪拌後會有筋性產生、會發酵、需塑型、要烘烤，這都是藝術麵包時要克服的製做條件，無法像拉糖或巧克力隨流凝固，更不能像捏麵人或杏仁膏那樣捏塑成形不需烘烤，所以藝術麵包的製作，需搭配多種麵團來完成，在世界杯與全國技能競賽麵包類組，更在比賽規範中明文規定，需使用兩種以上麵團或搭配發酵麵團來完成藝術麵包作品，並依規定評審可檢視麵團使用類別。

現在烘焙業所使用的藝術麵包麵團種類很多，除了保有原來的模式配方，每年也相繼推陳出新，出現很多不同特性的麵團，為了提供讀者對藝術麵包麵團特性的深入瞭解，本書對烘焙專業上常使用到的藝術麵包麵團，如：奶油麵團 (菲律賓麵包)、糖漿麵團、玫瑰麵團、發酵麵團、在來米麵團及對麵團顏色形成與變化，逐一解說，藉以在製作藝術麵包時，能詳細提供所參考。

第一節　奶油麵團

在台灣烘焙產業界俗稱的『菲律賓』麵包，於60年代盛傳至今，麵包店師傅將其麵團材料攪拌均勻後，經由麵團滾輪，重覆將麵團內部壓延緊密紮實，表皮平順光滑，再分割重量，捏造成形，如魚、鱷魚、龍蝦、木魚、豬或卡通人物等，再微發酵後，刷拭奶水再低溫烘烤，如此作法跟藝術麵包製作流程相同，其最大不同是在原料中多添加了雞蛋、奶油、糖與水的使用量及牛奶香料，使麵包風味香濃，口感紮實又細膩，而且保存時間也比一般甜麵包來的長，極受消費者青睞，是最有商業取向的藝術麵包之一。

奶油（菲律賓）麵團

主麵團

	材料	百分比	重量		材料	百分比	重量
A	高筋麵粉	100%	1000g	B	蛋牛乳香料	0.5%	5g
	糖	18%	180g		水	4%	30g
	鹽	1%	10g				
	雞蛋	16%	160g				
	奶水	40%	400g				
	奶粉	4%	40g				
	奶油	7%	70g				
	白吐司麵團	10%	100g				
	乾酵母	1%	10g				

特性：
表皮光亮，口感紮實，風味香濃，可塑性佳，保存時間短，商業性質高，屬較食用型的藝術麵包。

|作法|

1. 將主麵團材料A全部放入攪拌鋼中(圖1)，以慢速2分鐘(圖2)、中速3分鐘攪拌(圖3)。
2. 麵團完成後，放入發酵箱，基本發酵60分鐘。
3. 麵團發酵完，將蛋牛乳香料與水一起攪拌，以慢速2分鐘、中速3分鐘攪拌。
4. 麵團裝入塑膠袋中(圖4)，鬆弛10分鐘後，即可壓延麵團，使其麵團表面光亮，再塑造成形。

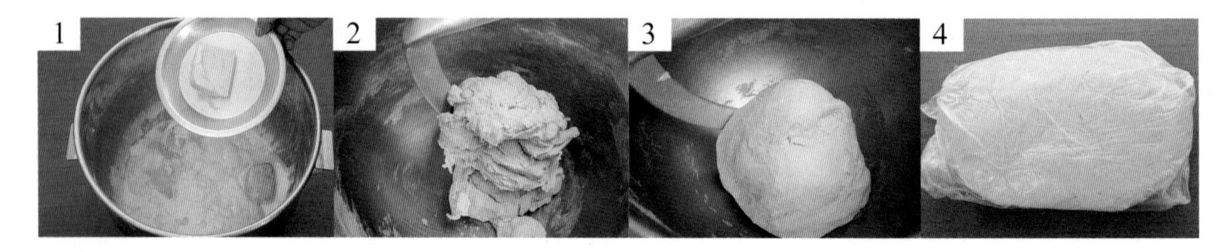

第二節　糖漿麵團

糖漿麵團，是以砂糖與水煮成糖液，將糖結晶分散於整個麵團中，其主要特性在於作品烘烤冷卻後，能恢復糖結晶凝固的作用，適合作為支架，但在烘烤時避免有熱氣泡產生，所以需低溫烘烤，而保存時也盡量避免在高溫或潮濕環境，會使作品因受熱、受潮而軟化、倒塌或發霉的現象產生。

糖漿

材料	百分比	重量
砂糖	100%	1500g
水	75%	1000g

| 作法 |

將砂糖與水煮沸 (砂糖需煮溶化)，待冷卻後，加入主麵團使用。

特性：為糖漿麵團的前置備所需材料，需將砂糖煮到溶解，待冷卻後使用。

糖漿白麵團

白麵團

材料	百分比	重量
高筋麵粉	100%	500g
裸麥粉	100%	500g
糖漿	154%	770g
鹽	2%	10g

特性：基本糖漿白麵團攪拌均勻後，包覆再放在冷藏冰箱，待退冰時使用。

| 作法 |

1. 將所有材料放入攪拌鋼 (圖 1)，以慢速 2 分鐘 (圖 2)、中速 3 分鐘攪拌 (圖 3)。
2. 完成後麵團，放入塑膠袋密封 (圖 4)，放入冷藏冰箱 2~3 小時即可使用。

糖漿巧克力麵團

主麵團

材料	百分比	重量
高筋麵粉	100%	440g
裸麥粉	115%	500g
全麥粉	150%	300g
鹽	2.5%	3g
可可粉	15%	60g
蘇打粉	1.5%	6g
糖漿	200%	880g

特性：基本糖漿白麵團加入可可粉，增加巧克力顏色表現，加入蘇打粉提升顏色深度。

| 作法 |

1. 將主麵團材料全部放入攪拌鋼中 (圖 1)，以慢速 2 分鐘 (圖 2)、中速 3 分鐘攪拌 (圖 3)。
2. 完成後麵團，放入塑膠袋密封 (圖 4)，放入冷藏冰箱 2~3 小時即可使用。

第三節　玫瑰麵團

玫瑰麵團，顧名思義用途在製作玫瑰花的麵團，也可作各項花卉或稻穗，以作者對這項麵團的瞭解，其麵團經由乾燥或烘烤後，能達到硬、厚、實的穩定性，適合做旗、竹、架、台的底部基底，能以穩住長、高、寬的作品，克服傾倒的問題。

玫瑰麵團

主麵團

材料	百分比	重量
高筋麵粉	80%	800g
裸麥粉	20%	200g
鹽	3%	30g
白油	10%	100g
水	40%	400g

特性：製作花辦、稻穗與基座使用，麵團紮實硬厚，塑形穩定，經由乾燥後，不易變形。

| 作法 |

1. 將主麵團材料全部放入攪拌鋼中 (圖 1)，以慢速 2 分鐘 (圖 2)、中速 3 分鐘攪拌 (圖 3)。
2. 主麵團完成後，放入塑膠袋密封 (圖 4) ，基本發酵 60 分鐘。

第四節　發酵麵團

在藝術麵包各項麵團中，以發酵麵團是屬在國內、外競賽時被列為指定需製作項目，主要是發酵麵團，水分量多需經發酵，塑形難，烘烤後跟質地鬆軟，不易豎立，建議以鋪設與作品底部或分塊浮貼為最佳呈現方式。

發酵麵團

主麵團

材料	百分比	重量
高筋麵粉	100%	400g
裸麥粉	75%	300g
全麥粉	75%	300g
鹽	5%	20g
酵母	0.75~2%	3~8g
水	125%	520g

特性：
添加酵母使麵團產生發酵，烤培後外表膨脹力大，因水分多與經發酵過後，麵包體會鬆軟，不易塑形。

| 作法 |

1. 將主麵團材料全部放入攪拌鋼中 (圖 1)，以慢速 2 分鐘 (圖 2)、中速 3 分鐘攪拌 (圖 3)。
2. 完成後麵團，放入塑膠袋密封 (圖 4) ，放入冷藏冰箱 2~3 小時既可使用。

第五節　在來米麵糰

這是款較為創新的藝術麵糰，在配方內添加在來米粉，跟一般只以麵粉為主的藝術麵包麵糰不同，其麵筋度較弱，塑形時穩定，延展性佳，麵糰體顏色為淡乳黃色，非常適合壓薄或表面體披覆使用，例如：紙張、旗子、緞帶等，但不適合主架或大型人偶，因為經烘烤冷卻後，無法像糖漿麵糰具有微凝固性，而作品若受潮濕，其軟化程度會更快速。

在來米麵團

主麵團

材料	百分比	重量
高筋麵粉	80%	800g
在來米粉	20%	200g
鹽	3%	30g
白油	10%	100g
水	40%	400g

特性：添加在來米粉，可降低麵筋性，方便延展成形，但冷卻後易軟化，不適合作為支架。

|作法|

1. 將主麵糰材料全部放入攪拌鋼中 (圖 1)，以慢速 2 分鐘 (圖 2)、中速 3 分鐘攪拌 (圖 3)。
2. 主麵糰完成後，放入塑膠袋密封 (圖 4) ，基本發酵 60 分鐘。

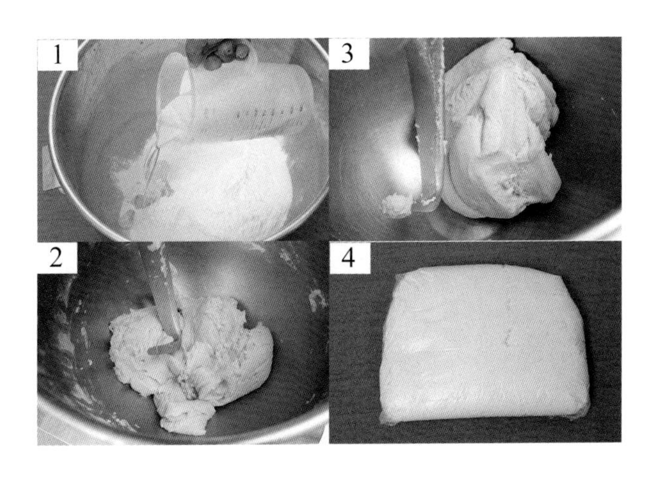

第六節　麵團顏色形成與變化

隨著藝術麵包麵團的改變、多樣化的形成，逐年都有新的麵團出現，不管您使用哪一種麵團都需經烘烤，其烘烤過的焦烤表皮，是最佳的顏色表現方式，若要增加更多的色彩表現，可在配方中添加有顏色的食材，來豐富其作品顏色表現，如抹茶粉、紅麴粉、咖哩粉、竹碳粉等，添加在配方中攪拌成所要的顏色表現，顏色深淺度的表現與使用量多寡成對比，也可以美術觀點用多種色系來相互搭配成第三種色系；但要注意的重點，若添加乾性粉末類的材料，其配方含水量也需依適當比例增加，若添加的是濕性液體類食材，相對水分含量也需依適當比例減少，才不會影響麵團內配方比例所衍生的特性與作用。

藝術麵包麵團內添加食材產生顏色對比參考表

食材名稱	展現顏色
竹炭粉	黑、灰
墨魚汁	黑、灰
黑芝麻粉	淺灰
可可粉	深咖啡色
咖啡粉	淺咖啡色
醬油	淺咖啡色
蕃茄醬、糊	深紅、淺紅
紅麴粉	暗紅
紅龍果	淺紅
草莓粉	淺粉紅
紅酒	淺紅
咖哩粉	淡黃、暗黃
鬱金香粉	淡黃
南瓜糊	淡黃
紅蘿蔔汁	黃
蛋黃	黃
蛋白	無表現

食材名稱	展現顏色
地瓜	黃
芒果汁	黃
綠茶粉	淺綠
抹茶粉	淺暗綠
紫蒿苣	紫
紫芋頭	淺紫色
菠菜糊	淡綠
玉米粉	乳白
在來米粉	乳白
白油	淺乳白
奶油	淺黃
香橙粉	橙色
黑豆	淺灰
調味藍莓汁	淡藍
白酒、米酒、香賓酒	無表現
西瓜汁、洋梨汁、鳳梨汁、哈蜜瓜汁	無表現
牛奶	無表現

|作法|

1. 與配方內材料一起放入攪拌缸攪拌。
2. 使用液體類的材料時，配方內用水量需相對減少。
3. 使用粉沫類的材料時，配方內用水量需相對增加。

第五章
藝術麵包的製作技巧

第一節　基本壓麵技巧

基本壓麵技巧，是製作藝術麵包時，麵團使用前最基本也是最重要的技術之一，壓麵的技巧會影響作品的細膩表現，而對壓麵技巧主要的方式有兩種，第一種是多次重疊性壓麵，第二種為單次延展性壓麵，單次性延展壓麵主要目的是使麵團能逐次延展開，並達到所要的尺吋與厚薄度，而多次重疊性壓麵主要目的是使麵團內部紮實，表面光滑。

以目前在業界所使用的壓麵器具，壓麵滾輪機或壓麵丹麥機為最多數，能直接又快速達到所有的效果，當然也可以手工使用擀麵棍來壓麵展延，但比較耗時耗力些，除非所使用的麵團不多，才能合乎效率需求。

在操作壓麵機時，務必有熟悉機器之專業人員在場，並需注意安全開關的使用方式，避免操作時不慎，將手誤入機器轉肘內，造成操作不當的人為傷害發生。

一．多次重疊性壓麵作法

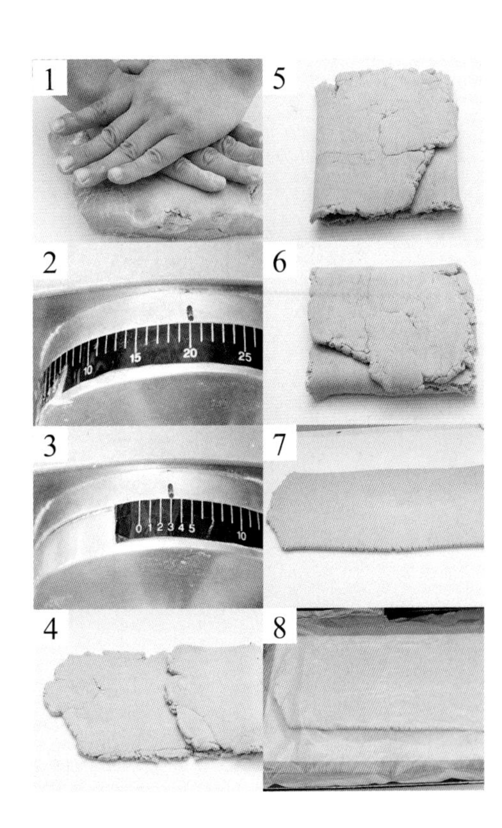

1. 將攪拌好的麵團取出所需的量，放置於壓麵機上，並先用雙手將其麵團壓扁薄（圖 1）。（作用：順利經過上下滾輪肘間距離，來回重複壓延）
2. 將壓麵機操作桿拉到較高刻度數（圖 2），在來回重複壓延時，逐漸調低刻度數（圖 3）。（作用：刻度越高，其麵團所延壓出的厚度就越厚，刻度越低，其麵團所延壓出的厚度則越薄）
3. 當壓延至壓麵機約機台一邊的長度時，則將麵團以三等份之方式對折重疊。(圖 4、圖 5)
4. 將折疊好的麵團轉向（圖 6），再將刻度調高，繼續把麵團重複壓延折疊。
5. 以作法 4 壓麵、對折重疊的方式重複約 6 ～ 8 次，使其達到所要的表面光滑現象（圖 7）。
6. 將完成後的麵團放入塑膠袋或保鮮膜密封（圖 8），靜置鬆弛約 10 分鐘，即可切割使用。

二 . 單次延展性壓麵作法

1. 將攪拌好的麵團或已經過多次重疊性壓麵的麵團，取出所要的量，放置於壓麵機上，並先用雙手將其麵團壓扁薄。(作用：順利經過上下滾輪肘間距離，來回重複壓延)
2. 將壓麵機操作桿拉到較高刻度數，在來回重複壓延時，逐漸調低刻度數。
(作用:刻度越高,其麵團所延壓出的厚度越厚,刻度越低,其麵團所延壓出的厚度則越薄)
3. 以一次壓麵的方式，壓延達到所要的麵團厚度與長、寬度為壓延目標。
4. 再以擀麵棍將麵團捲起，放在工作台或烤盤，以塑膠袋或保鮮膜密封，靜置約 30 分鐘，即可切割，也可放於冰箱冷藏備用。

第二節　鬆弛與乾燥

鬆弛

藝術麵包製作時，鬆弛是要注意的重點之一，麵粉與水經攪拌會產生筋度，麵團重覆壓麵時，筋度的重疊性又提高，但若經連續展延與對折，其筋度更為緊密，如同拉開的橡皮筋般，若再施力拉扯，就會出現斷筋與即速收縮等現象，並直接造成作品嚴重破裂與裁切的尺寸不符合，影響作品組合，所以每當經過攪拌或壓延的麵團，一定要給與足夠的鬆馳時間來緩和緊密的筋度。

乾燥

『乾燥』主要是將麵包表皮與內部水分蒸發或抽離，而在藝術麵包製作時，其所發揮的功能是烘乾定形的穩定作用，尤其在作品烘烤時，若未經過乾燥處理，麵團烘烤時會不規則膨脹，造成形狀顏重變形，或導致內部組織鬆軟無法紮實，若在動態競賽時，因時間不足而無法乾燥，可以低溫悶烤方式達成相同效果。

第三節　烘烤著色方式

烘烤著色的方式，與一般麵包大致相同，所烤出的顏色深淺與烤箱的溫度高低及受熱的時間長短有關，為了增加其作品烘烤完後的亮度，在麵包進烤箱時，擦拭蛋液、奶水、牛奶或糖液等來表現。也有專業的烘焙師父使用較不同的作法，先將麵包微烤熟，待冷卻、乾燥後在作品表面塗抹咖啡液或焦糖液，再進烤箱低溫烤乾，若需加深麵包焦黃色的表現，則可重覆擦拭烘烤，這種烘烤技巧在歐美出現過，可以增加外觀的視覺度，也可減少等待烘烤著色的時間，但若咖啡液或焦糖液擦拭不均勻或使用量太多時，會使顏色分部不均，更快受潮。

第四節　基本塑形

基本塑形，主要表現的是一種整形麵包的作法，而其動作就如同一般麵包的整形模式，搭配捏塑與實體相似的組合技巧來完成，是初學者首要學習、不可忽視的重大課題之一。

在塑形時需注意麵團筋度的延展性及給予充份的鬆弛，成形後也需給予乾燥的時間才能烘烤定型。

唇形作法

使用工具：烤盤、竹筷子

以基本圓形作為變化，使用工具做出不同的變化造形。

1. 先將奶油麵團壓延光亮，取出一塊麵團，擠壓、擠壓、搓揉成圓形，靜置鬆弛 5 分鐘。
2. 在表面以竹筷子橫壓出形狀成唇形。(圖 1、圖 2)

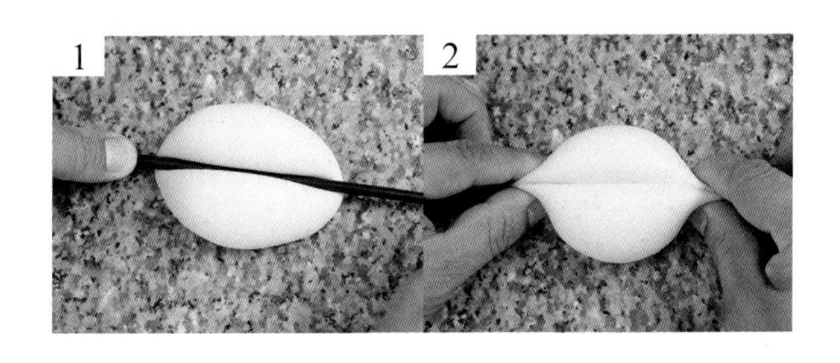

圓田形作法

使用工具 : 烤盤、竹筷子

1. 先將奶油麵團壓延光亮，取出一塊麵團，擠壓、搓揉成圓形，靜置鬆弛 5 分鐘。
2. 在表面以竹筷子橫壓出形狀成圓田型。(圖 1~ 圖 3)

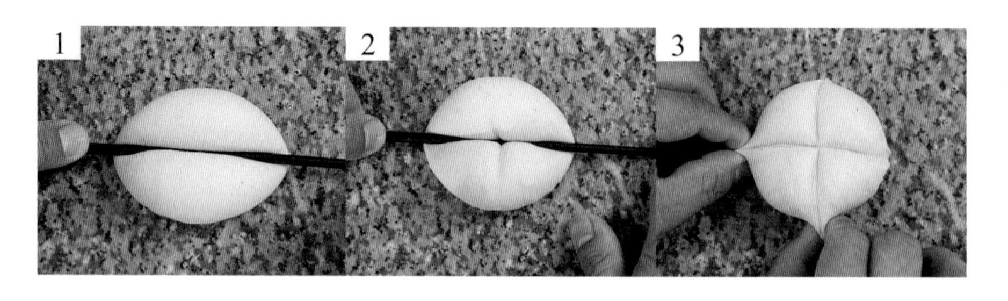

桃形作法

使用工具 : 烤盤、剪刀

以基本圓形作為變化，以立體捏塑桃子形狀，使用剪刀，做出如桃子般的造形。

1. 先將奶油麵團壓延光亮，取出一塊麵團，搓揉成圓尖形 (圖 1)，靜置鬆弛 5 分鐘。
2. 使用切麵刀，直立切出線條。
3. 再以剪刀剪出兩側邊葉（圖 2），即可完成作品（圖 3）。

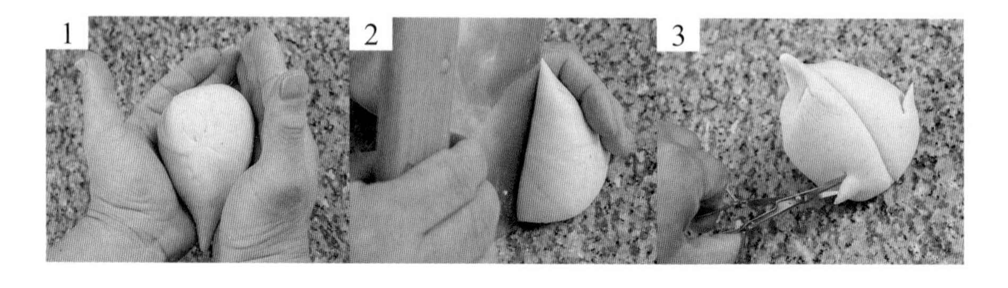

木魚形作法

使用工具 : 烤盤、刀片

以基本橢圓形作為變化，使用刀片切割，做出如木魚狀的造形。

1. 先將奶油麵團壓延光亮，取出一塊麵團，搓揉成橢圓形，靜置鬆弛 5 分鐘。
2. 使用刀片，橫割三刀，即完成作品。(圖 1、圖 2)

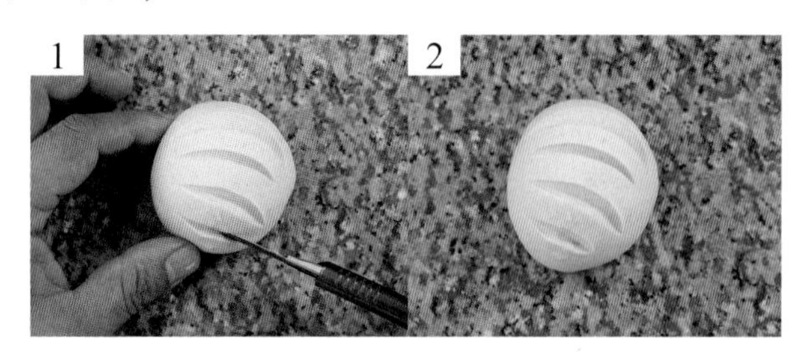

方形作法

使用工具 : 壓麵機、烤盤、尺、牛刀

基本四方造形切割，被廣泛使用在丹麥麵包製作，也可在藝術麵包上做出小配件的裝飾效果。

1. 先將奶油麵團壓延光亮，取出一塊麵團，搓揉成橢圓形，靜置鬆弛 5 分鐘。
2. 麵團用擀麵棍壓延成長方形。
3. 再切成四方形等距（圖 1），鬆弛 20 分鐘。
4. 最後切割成正方形（圖 2）。

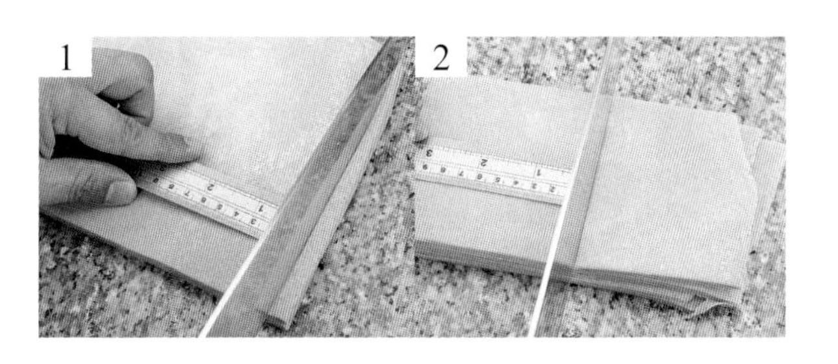

風車作法

使用工具 : 壓麵機、烤盤、尺、牛刀

以四方形麵團，分別在四邊角切刀，做出風車造形。

1. 先將四方形麵團對角切四刀 (圖 1)。
2. 由下往上順序對折 (圖 2)。
3. 四邊角向內側折完，即完成作品 (圖 3)。

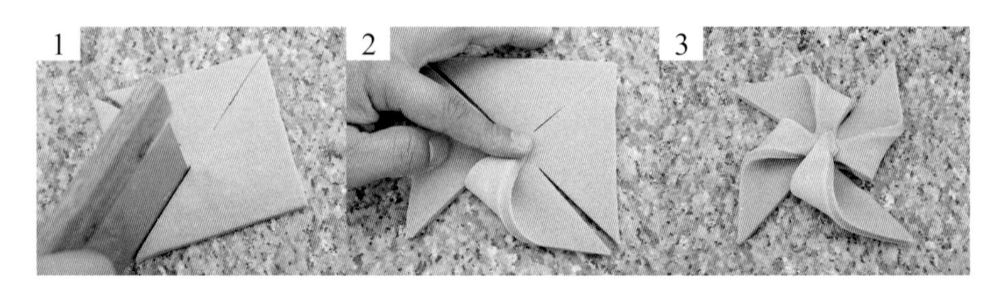

糖果領結包作法

使用工具 : 壓麵機、烤盤、尺、牛刀

以四方形麵團分別將兩邊切出，組合後，做出糖果領結包造形。

1. 將四方形麵團對折成三角形（圖 1），切兩刀，頂點不切斷（圖 2）。
2. 將切好的兩邊交叉重疊（圖 3、圖 4），即完成作品。

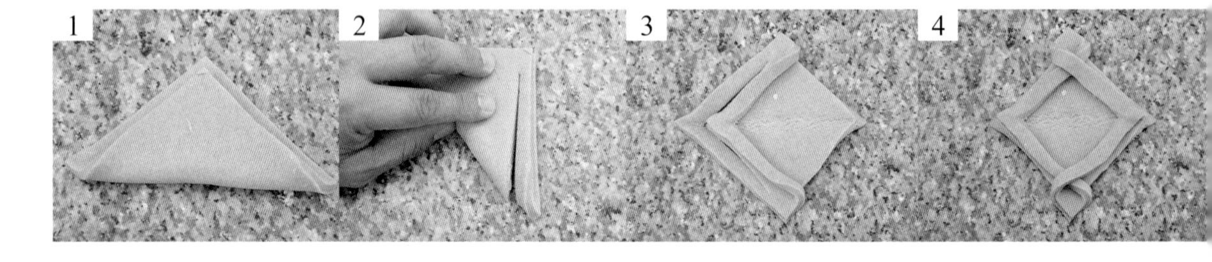

扇形作法

使用工具：壓麵機、烤盤、尺、牛刀

以四方形麵團對折後，再切五刀，做出如扇子般造形。

1. 先將四方形麵團橫向重疊對折 (圖 1)。
2. 由中間 1/2 處開始切 (圖 2)，共切五刀 (圖 3)，微彎展開即完成作品 (圖 4)。

四片花口作法

使用工具：壓麵機、烤盤、尺、牛刀

以四方形麵團，相互對折後切出四刀，做出如四片花口造形，此類造形為創意形，業界少見。

1. 將四方形麵團對折成三角形（圖 1）。
2. 先由左下方 1/2 處切一刀（圖 2），再由右下方 1/2 處切一刀（圖 3）。
3. 將麵團攤開，從另一個方向再對折成三角形，重複作法 2 的動作（圖 4）。
4. 麵團攤開，將邊緣的麵團依序往中間對折（圖 5 ～圖 7），即完成作品。

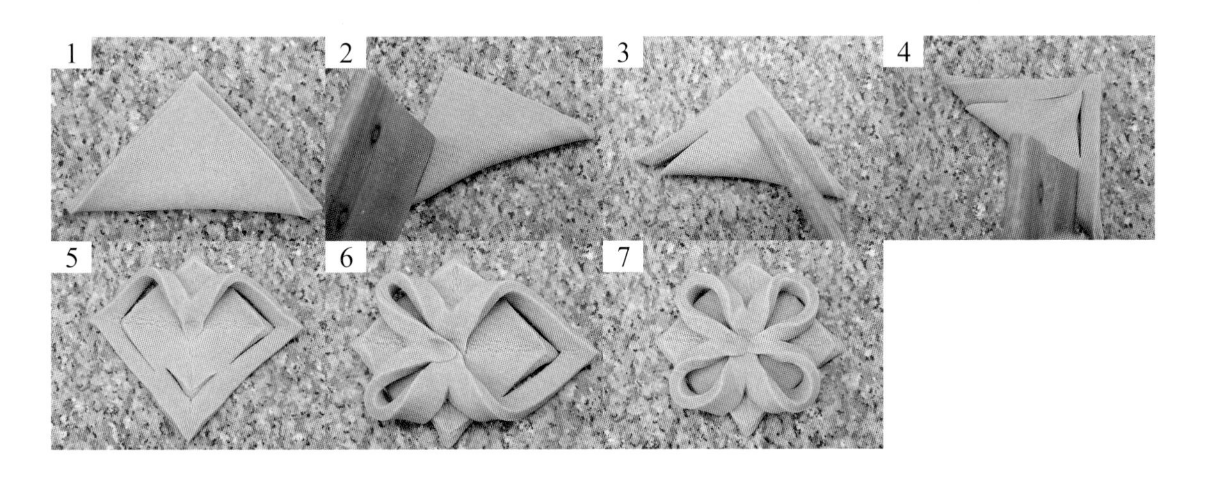

心形作法 使用工具 : 矽膠墊、烤盤、切麵刀、毛刷

備好的紙張及工具作輔助，以基本搓圓圍繞邊條，做出心形版面。

1. 使用厚紙板剪貼成心型形狀墊底，中間放置搓揉成圓形的麵團，外圍使用一條巧克力圓柱麵團圍繞，使用心型夾子，夾在外圍巧克力圓柱麵團 (圖 a)。
2. 排列成心形模樣，即完成作品。

玫瑰作法

使用工具：
矽膠墊、烤盤、切麵刀、毛刷、剪刀、圓型花嘴、塑膠袋、擀麵棍

以麵團做一朵漂亮的玫瑰花需要十分用心及細心的關注力，交叉層次與柔美的感覺必須表現出來，才能討人喜愛。

1. 先將糖漿麵團壓延光亮，取出一塊麵團，將麵團分為兩部份。
2. 一部份捏成尖圓型底座 (圖 1)。
3. 另一部份壓薄約 0.1cm，用花嘴底部的圓型模孔壓出十個圓型，再用塑膠袋覆蓋密封，靜置鬆弛 10 分鐘，防止水分散發、表皮乾裂。
4. 先取出兩片圓片，包覆尖圓型底座成花心 (圖 2)。
5. 逐一將圓片黏貼，可適當將花邊修飾（圖 3 ～圖 5）。
6. 黏接約 10 片花瓣，即完成作品 (圖 6)。
   (若要造形更生動，建議拿真的玫瑰花來作揣摩對象)

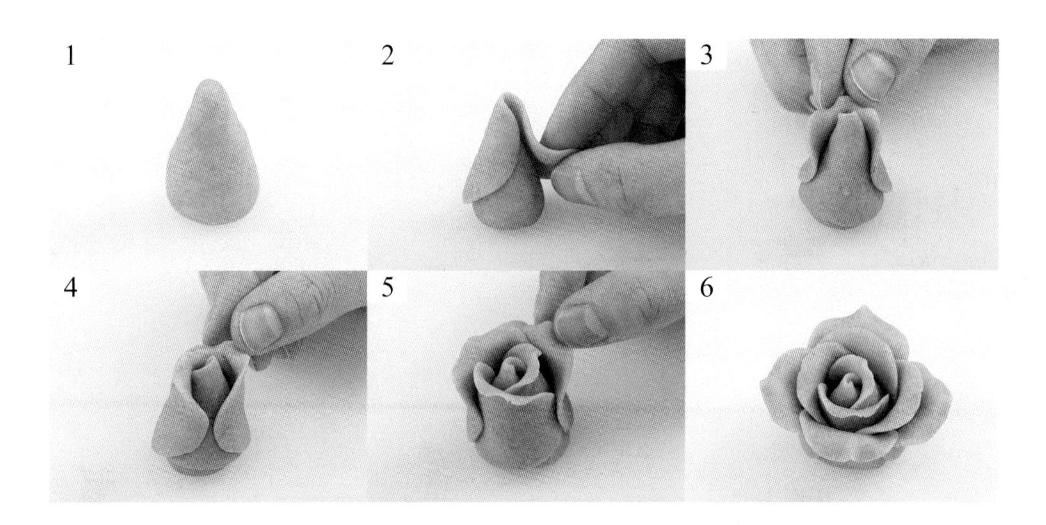

魚作法

使用工具 : 矽膠墊、烤盤、切麵刀、毛刷、剪刀、擀麵棍

中國人傳統的年年有魚，以 2D 方式來呈現，藉由剪刀剪出其身上鱗片，再貼上紅豆粒的眼珠，讓作品栩栩如生。

1. 將奶油麵團壓延光亮，取出一塊麵團，搓揉成圓形 (圖 1)，靜置鬆弛 5 分鐘。
2. 用手指搓揉麵團成兩部份，各將兩邊搓揉成橄欖狀 (圖 2)。
3. 右邊用擀麵棍延壓，再對切成兩片（圖 3），每片切長條紋路成魚尾狀。
4. 左邊前頭部位用壓模微壓成 1/3 圓，魚嘴用剪刀剪，魚眼點上紅豆粒 (圖 4)。
5. 魚身以剪刀剪開成魚鰭（圖 5、圖 6），以上火 170℃ / 下火 150℃烘烤約 20 分鐘著色，即完成作品。

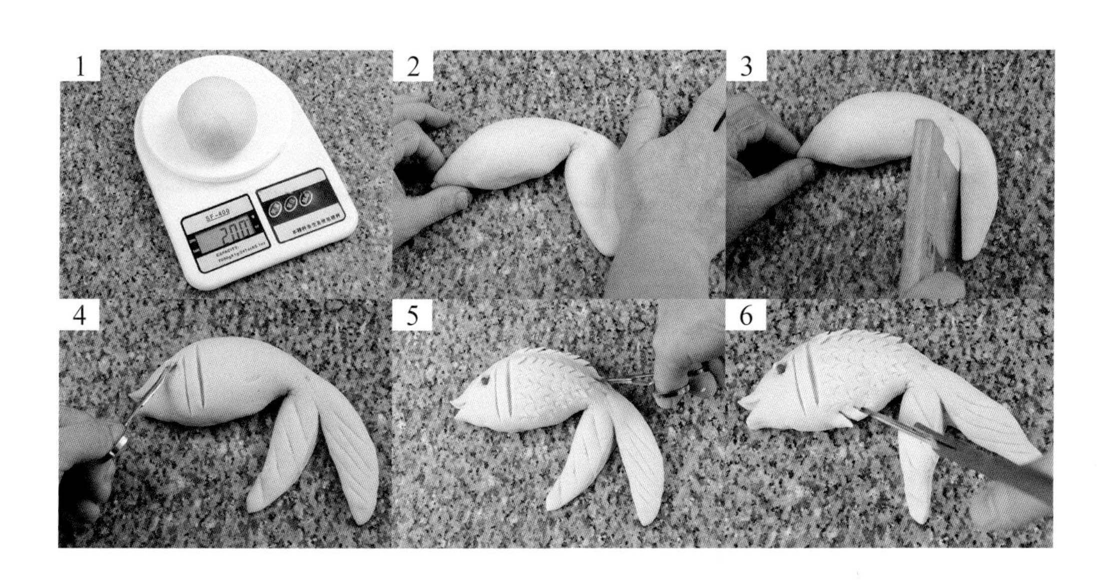

牛角麵包作法

使用工具 : 盤、切麵刀、粉刷、塑膠袋、尺、擀麵棍

以製作牛角麵包的整形方式，來做出小而美又不會變形的藝術麵包，令人驚豔。

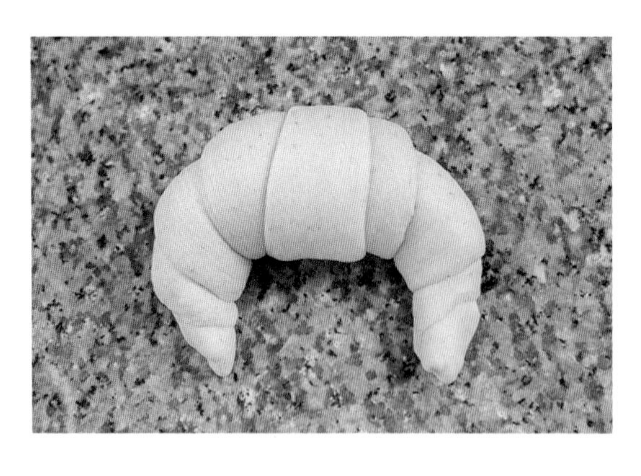

1. 先將奶油麵團壓延光亮，取出一塊麵團，搓揉成圓頭水滴形，靜置鬆弛 5 分鐘。
2. 以擀麵棍將麵團由上往下壓延成三角（圖 1）。
3. 倒三角由上往下捲起 (圖 2)。
4. 將兩邊對角向內彎曲成牛角型 (圖 3)，即完成作品 (圖 4)。

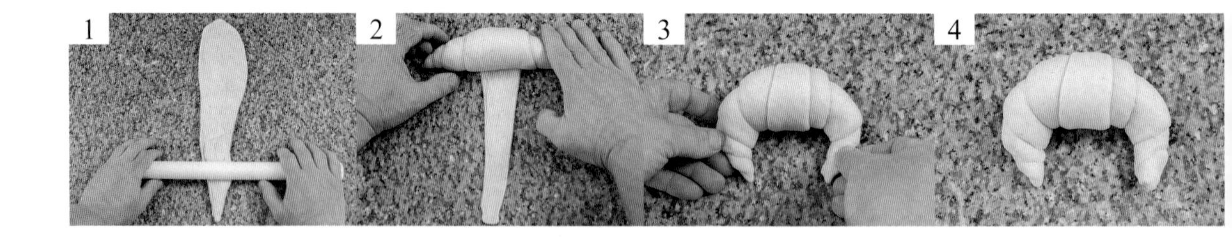

稻穗作法

使用工具：烤盤、切麵刀、小彎曲剪刀

以手工搓揉捏塑的方式，做出如稻穗般的基本造形，再經由剪刀與小刀工具做出稻穗形狀與葉片，此種作法流傳已久。

1. 將糖麵團壓延光亮並展開成長條狀，捲起搓揉成長粗條狀 (圖 1)，一邊圓粗形一邊細條形 (圖 2)。
2. 麵團圓粗形部位搓揉尖圓 (圖 3)。
3. 使用彎曲小剪刀先剪右邊 (圖 4)，再轉邊剪左邊 (對邊) (圖 5)，最後剪中間，完成三邊稻穗 (圖 6)。
4. 將兩個小的麵團壓延 (圖 7)，切割成尖橢圓形。
5. 在兩片橢圓形表面，使用切麵刀輕輕畫上數條橫線 (圖 8)
6. 將兩片葉片由下方包覆，將上方撥開即完成作品 (圖 9) 。

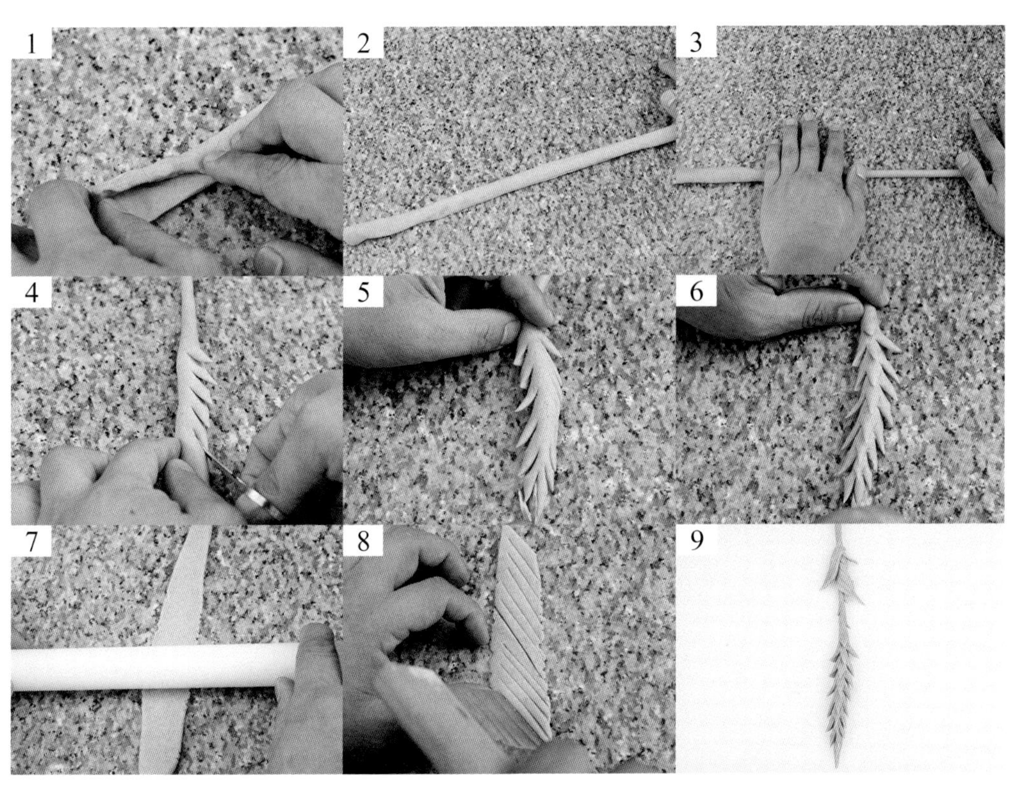

法國長條作法

使用工具 : 烤盤、切麵刀、粉刷、刮鬍刀片、擀麵棍

將原物實質仿造，維妙維肖，是工藝作法表現的方式。

1. 先將奶油麵團壓延光亮，取出一塊麵團，壓延成長方形 (圖 1)。
2. 於長方形麵團上方處捲起成長條狀約五圈 (圖 2、圖 3)。
3. 將接縫處密合朝底部 (圖 4)。
4. 向兩邊搓揉拉長成為長條形 (圖 5)。
5. 使用小刀斜割 5 刀 (圖 6)。
6. 於斜刀處再割開一次，以手微撥開切開處側邊（圖 7），修飾成形（圖 8）。

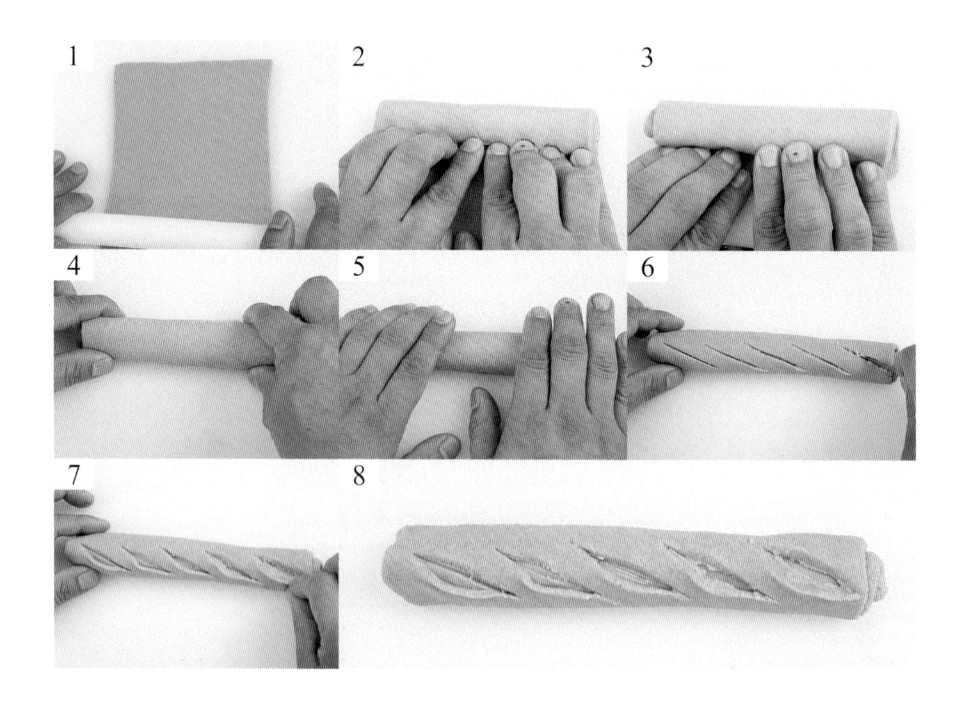

鱷魚作法

使用工具：矽膠墊、烤盤、切麵刀、毛刷、剪刀、擀麵棍

以最古老傳統的手法及配合工具的使用做出鱷魚造形，最大難度在於長度的搓揉與四隻腳的彎弧型呈現，身體與頭的比例搭配是重點方向。

1. 先將奶油麵團壓延光亮，取出一塊麵團，搓揉成橢圓形，靜置鬆弛 5 分鐘。
2. 麵團左端搓揉成圓尖狀，右端搓成長尾條狀 (圖 1)。
3. 將四邊剪出四隻腳（圖 2、圖 3），將右端折為彎弧型尾巴。
4. 上方兩側剪出眼睛（圖 4），放上紅豆粒當眼珠。
5. 於麵團左邊圓尖狀用刀背壓出紋路 (圖 5)，再用大剪刀剪出嘴巴後 (圖 6)，塞入錫箔紙團 (圖 7)。
6. 最後以剪刀剪出腳爪及身體、尾巴的鱗甲（圖 8、圖 9），即完成作品。

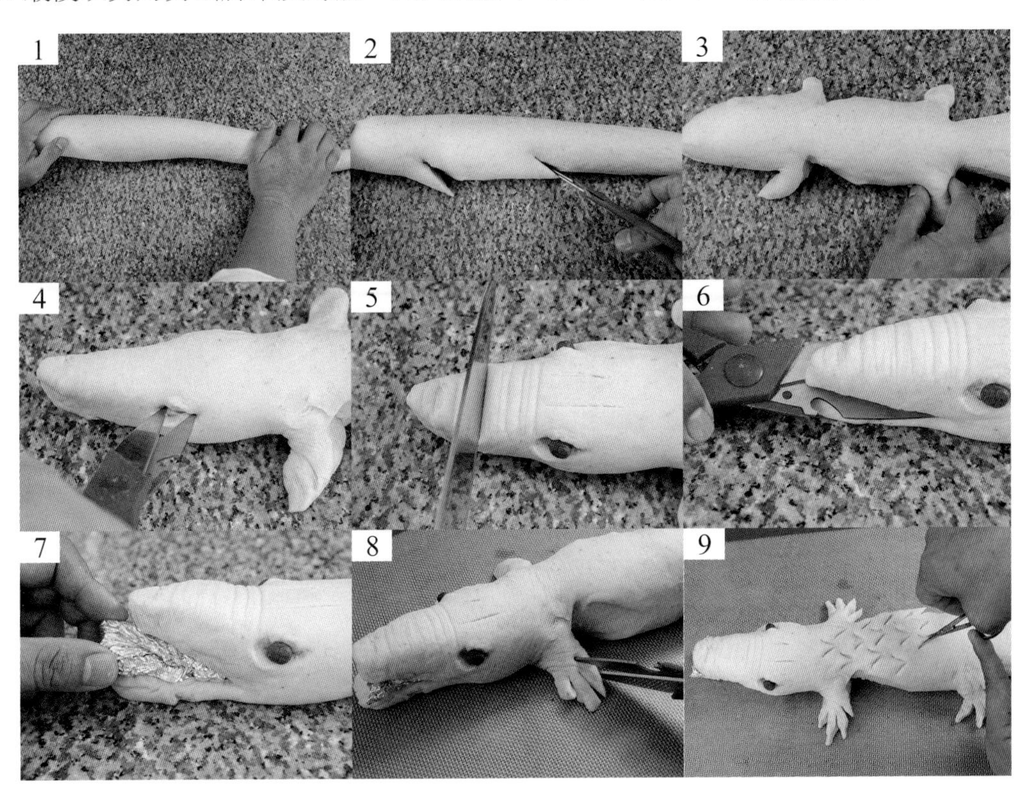

BEAUTIFUL

第五節　編織技巧

『編織』是最傳統的一種手工藝技巧，不管您使用的是方片條或圓柱條都能呈現出工整又規律的美感。在藝術麵包領域裡，最古老的藝術麵包作品，一條長麵團就能做出很多樣式，例如：以愛心、手豎琴與星型樣式來呈現；而辮子麵包的麵筋性需更有伸展度，所以配方中會添加沙拉油，但在製作時更需花點時間鬆弛，才不會在操作時因筋度太高產生斷裂。

辮子麵包麵團配方 (每條單辮重量可依需求分割為 80~100 公克)

材料	百分比	重量
高筋麵粉	90%	1350g
低筋麵粉	10%	150g
糖	9%	135g
鹽	1.5%	22g
雞蛋	10%	150g
沙拉油	8%	120g
乾酵母	1%	15g
水	52%	780g

| 作法 |

1. 將材料全部放入攪拌鋼中(圖1)，以慢速2分鐘(圖2)、中速 6 分鐘攪拌 (圖 3)。
2. 拌勻的麵團整形後（圖 4），放入塑膠袋密封，放置冰箱冷藏 2 ～ 3 小時即可使用。

特性：表皮光亮，口感鬆軟，可塑性佳，易操作

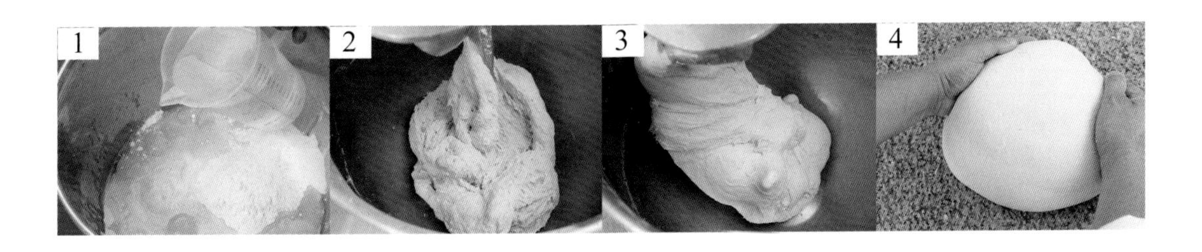

編織順序

編織時所擺放的順序，最右邊為第一條，由右至左依序排列，上方最中間條順便壓至麵團。打辮子麵包時，若能熟記編織順序與替換公式，依序重複編織，所完成的作品條紋會很對齊；若編織有誤，其錯誤處會出現不一致的條紋。做好成品時需注意，勿把底部朝上放置或側放等，需將表面朝上，才會有整體對齊的美感表現。

編織實務製作

基本條狀辮子作法

此為最基本的編織技巧，每條製作時需紮實捲密，內部不得有空隙，手感搓揉需粗細一致。

1. 先將奶油麵團壓延光亮，分割 80 公克，搓揉成橄欖形 (圖 1)。
2. 將麵團沾粉桿捲開來（圖 2），捲起成長條狀（圖 3），靜置鬆弛 5 分鐘。
3. 再搓揉成細長條狀（圖 4），靜置鬆弛 5 分鐘（圖 5），即完成作品。

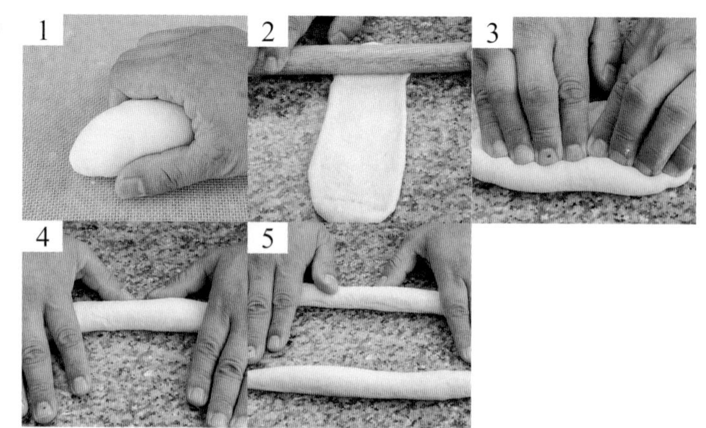

一辮作法

使用工具 : 矽膠墊、烤盤、切麵刀、毛刷、擀麵棍

麻花結

流傳坊間已久的傳統麻花造形，早期用來做麻花甜甜圈，因時代改變，其作法也衍生出更方便的方式來完成。

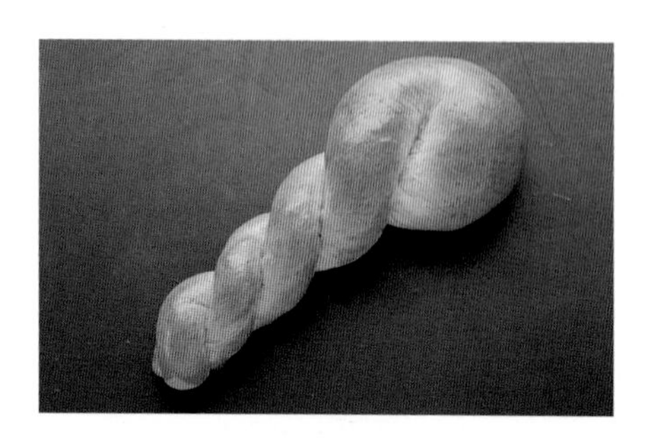

1. 基本條狀辮子搓揉成長條，上下對折 (圖 1)
2. 單手捲起 (圖 2、圖 3)，頭部接縫捏緊密 (圖 4)，以上火 180℃ / 下火 150℃，烘烤約 20 分鐘著色，即完成作品。

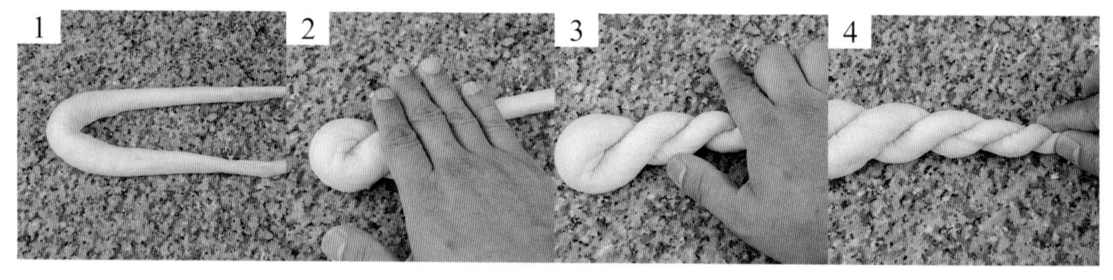

領結

領結造形常被使用在傳統蔥花或玉米麵包發酵後填餡，將編織幅度增廣，可變為德國領結。

1. 基本條狀辮子搓揉成長條，左右交叉 (圖 1)。
2. 持續左右交叉（圖 2），反面將兩角貼邊（圖 3），接縫捏緊密（圖 4）。

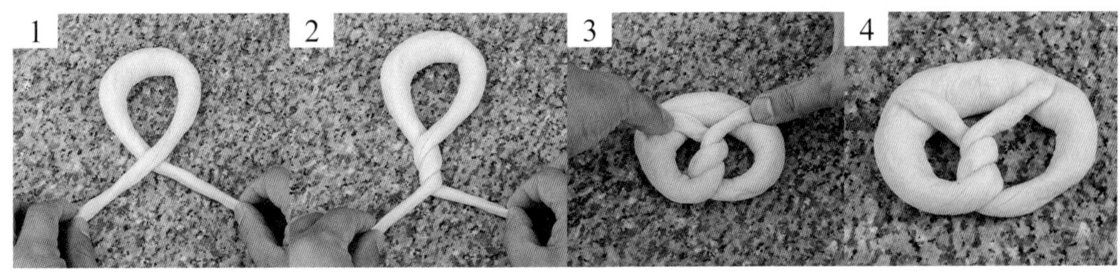

八結

八結作法特殊，由日本技師傳到國內，使用在大理石麵包上，能表現出明顯層次感。

1. 基本條狀辮子搓揉成長條，彎捲起成九字形 (圖 1) 後彎折穿入 (圖 2、圖 3)。
2. 再穿入另一個孔 (圖 4、圖 5)，以上火 180℃ / 下火 150℃烘烤約 20 分鐘著色，即完成作品 (圖 6)。

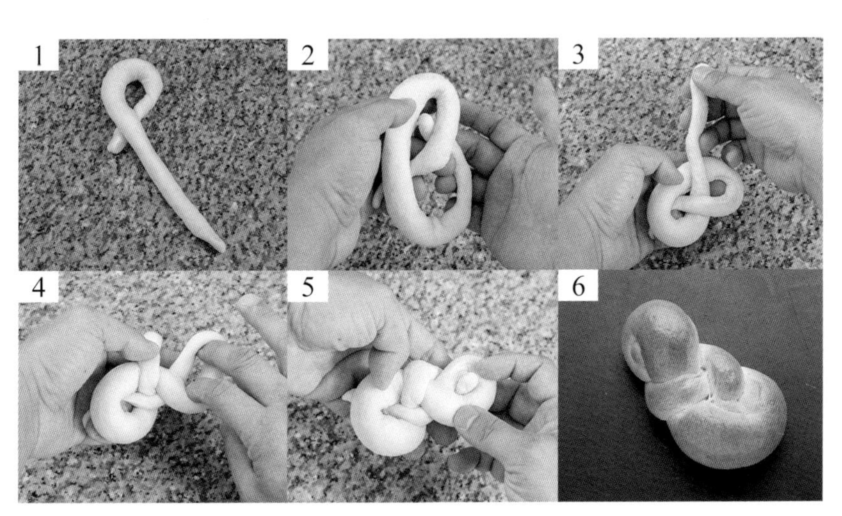

梅花結

使用一條麵團的做法，穿入、穿出做出如梅花造形，可用來作三明治造形或歐包造形，加以多樣變化。

1. 基本條狀辮子搓揉成長條，1/3 圍繞成圓體 (圖 1)，2/3 圍繞三點 (圖 2)。
2. 尾部由圓中心往上穿出（圖 3 ～圖 7），以上火 180℃ / 下火 150℃，烘烤約 20 分鐘著色，即完成作品（圖 8）。

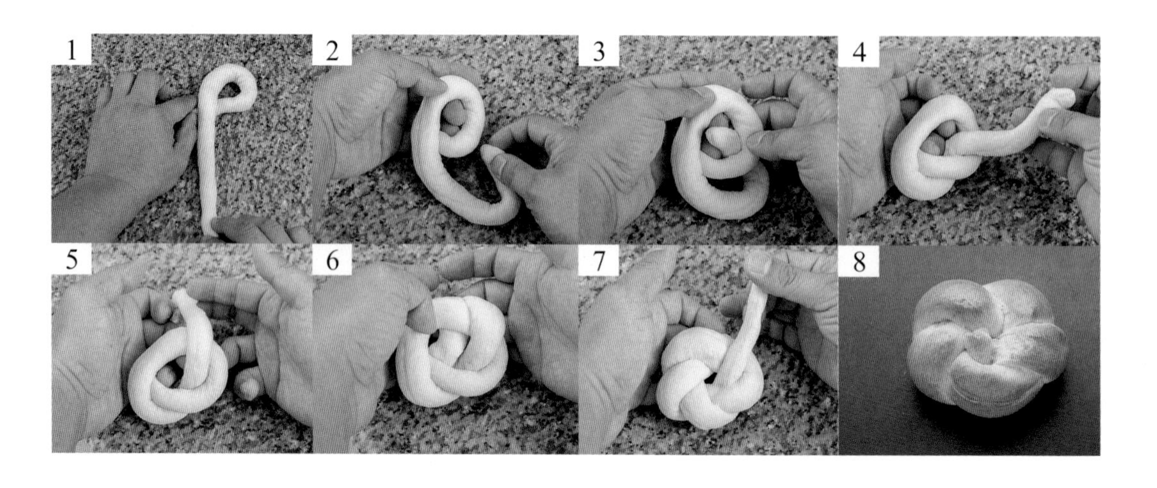

二辮作法

使用工具 : 矽膠墊、烤盤、切麵刀、毛刷、擀麵棍

捲繩結

兩條辮子交互編織，形成一條繩索，雖是最基本的作法，但要做出很長又能有一致的捲型，也需下一翻功夫才能完成。

1. 基本條狀辮子兩條搓揉成長條，並於上方壓住 (圖 1、圖 2)。
2. 平行相對交叉編織 (圖 3、圖 4)，即完成作品 (圖 5)。

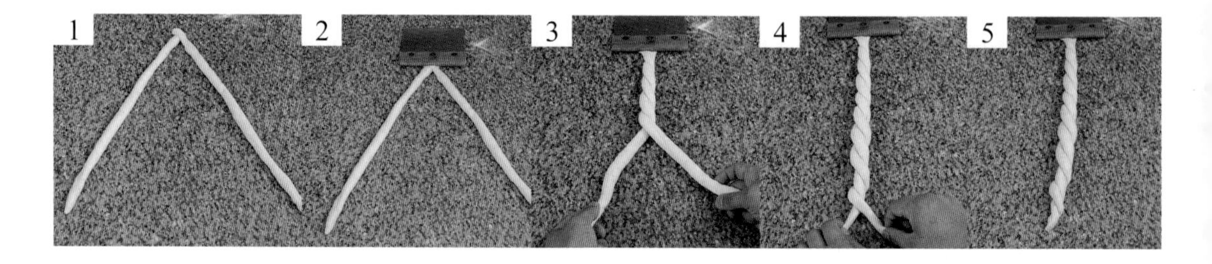

平面水滴結

兩條辮子左右圍繞，編織出平面水滴狀，此為最基本的圍繞編織模式。

1. 基本條狀辮子兩條搓揉成長條，兩條由中心處交重覆交叉編織 (圖 1、圖 2)。
2. 左右兩邊繼續交叉編織（圖 4 ～圖 8），尾端兩條搓揉成長條（圖 9）。
3. 尾端結合，即完成作品。

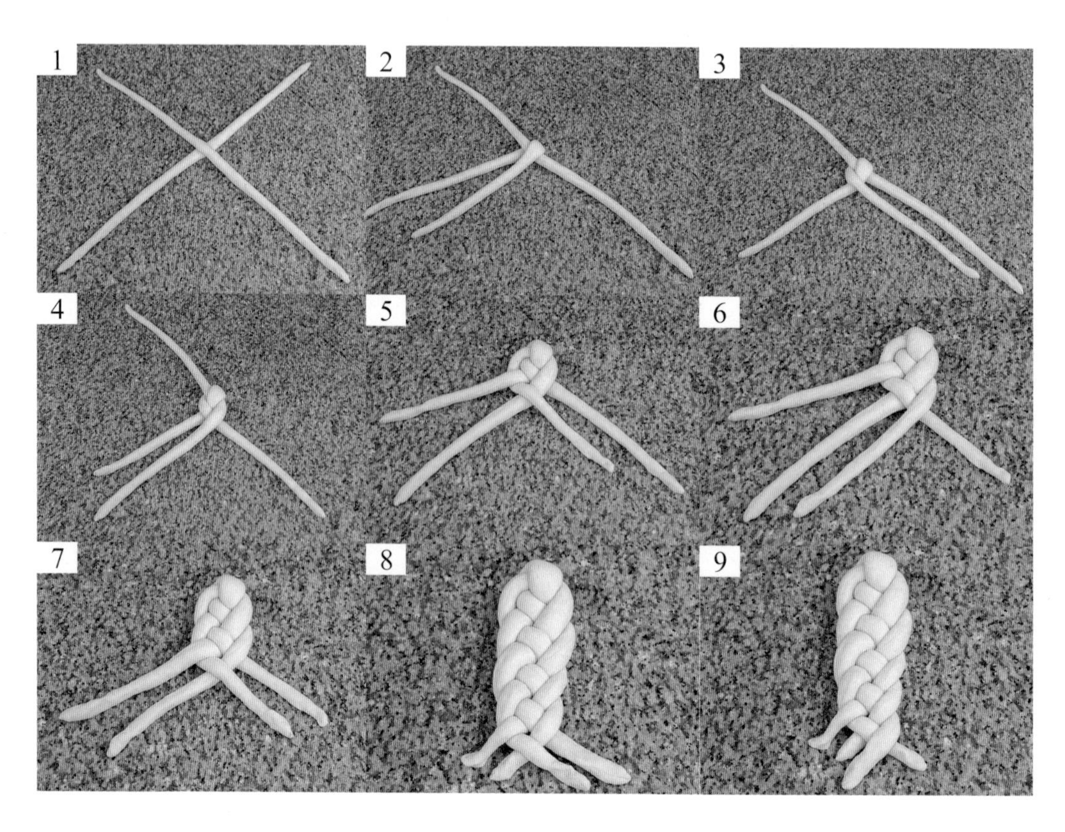

立體鍊形結

使用兩條辮子麵團做出立體造形，是種有技巧的方式，能呈現出多方位編織結法，若打長條狀再做銜接圍繞，會更有幅度感。

1. 基本條狀辮子兩條搓揉成長條，中心處交疊（圖1），再往上交叉編織（圖2～圖8），編織至尾處時，將接縫處密合（圖9）。
2. 以上火180℃ / 下火150℃，烘烤約24分鐘著色，即完成作品。

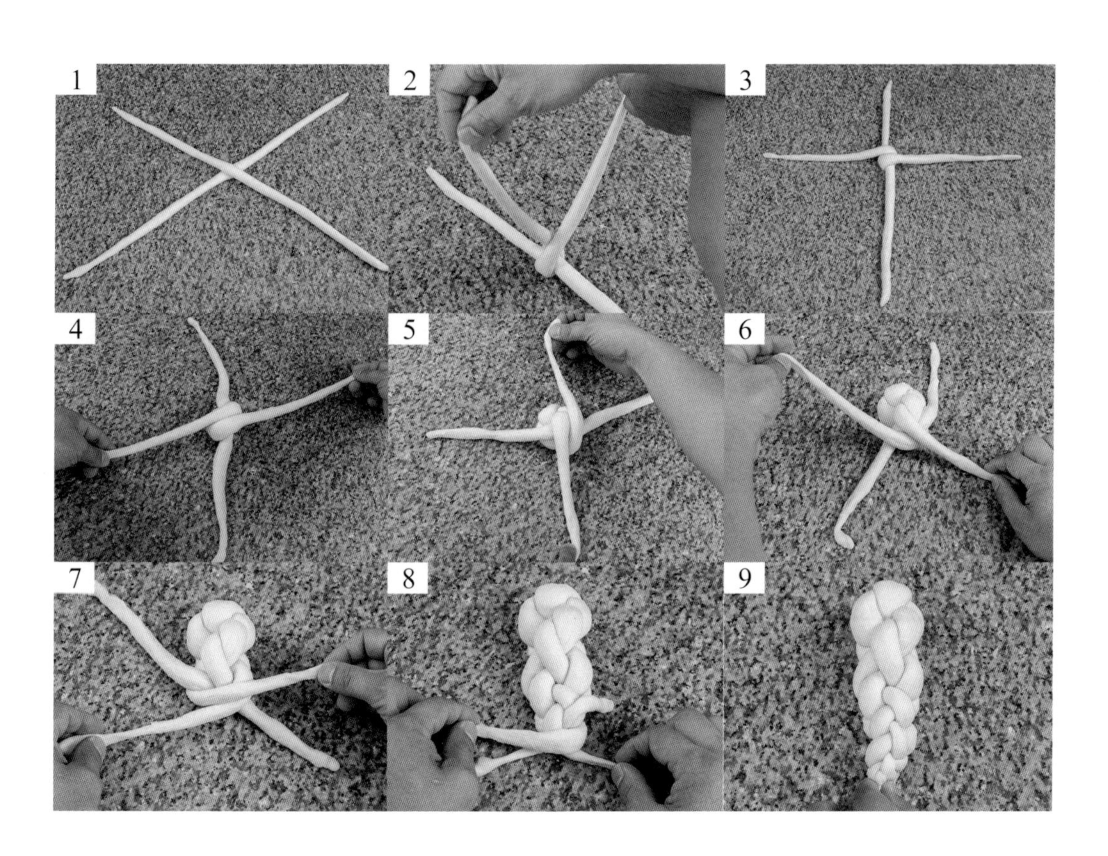

三辮作法

使用工具：矽膠墊、烤盤、切麵刀、毛刷、擀麵棍

以三條辮子的作法，做出平面的三條交叉模式，最常被使用在甜麵包上，佈上餡料再烘烤。

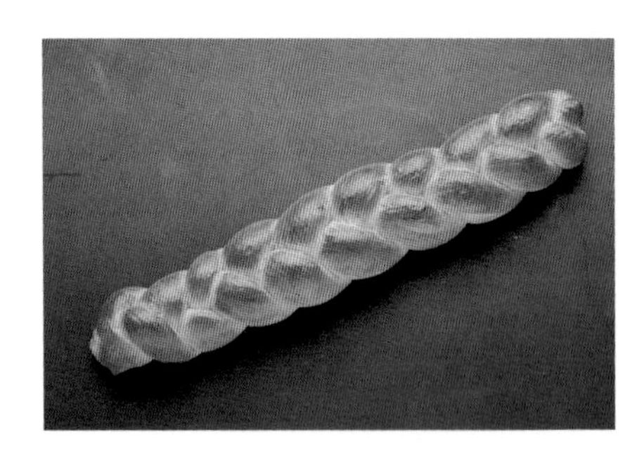

1. 基本條狀辮子三條搓揉成長條（圖 1），由右至左排序（圖 2），再以 3-2、1-2 的方式由上往下左右交叉編織（圖 3 ～圖 9）。
2. 以上火 180℃ / 下火 150℃，烘烤約 28 分鐘著色，即完成作品。

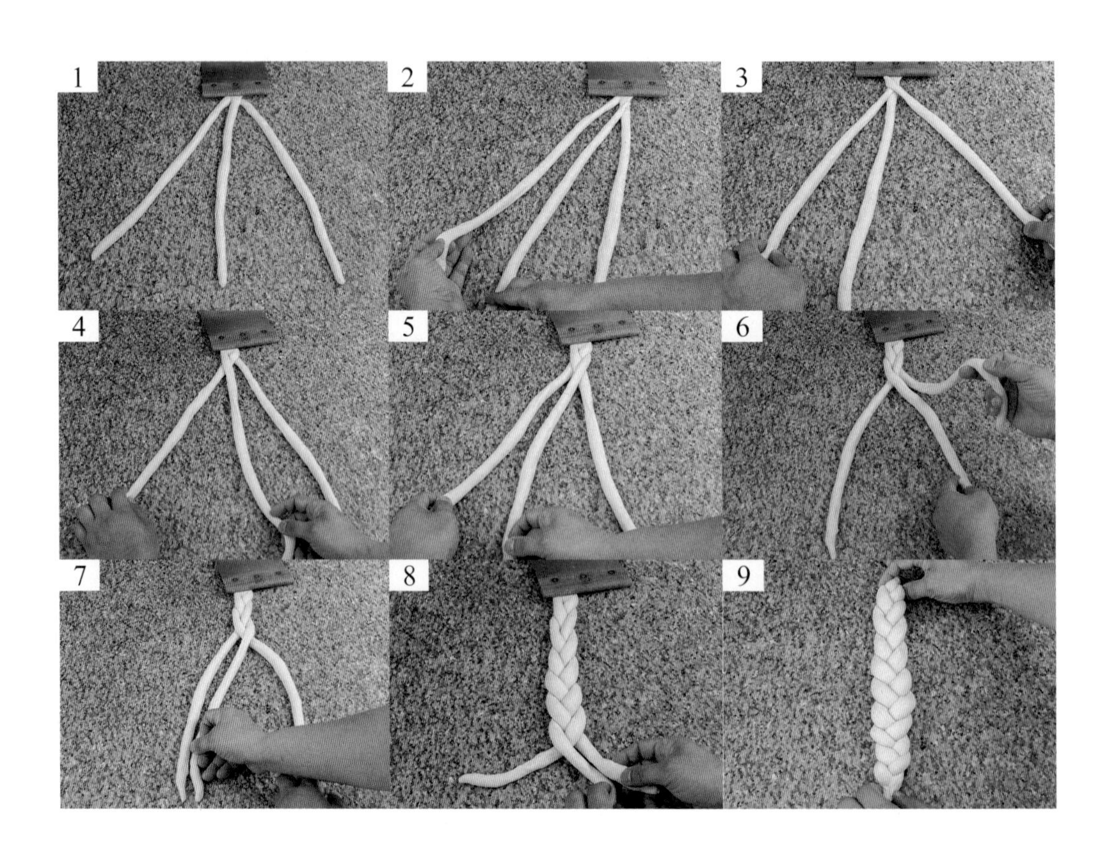

四辮作法

使用工具：矽膠墊、烤盤、切麵刀、毛刷、擀麵棍

四辮子後的做法需以排序公式來完成，維持編織的手法來完成。

四條搓揉成長條（圖1），由右至左排序，再以2-3、4-2、1-3的方式左右交叉編織（圖2～圖9），最後以上火180℃ / 下火150℃，烘烤約30分鐘著色，即完成作品。

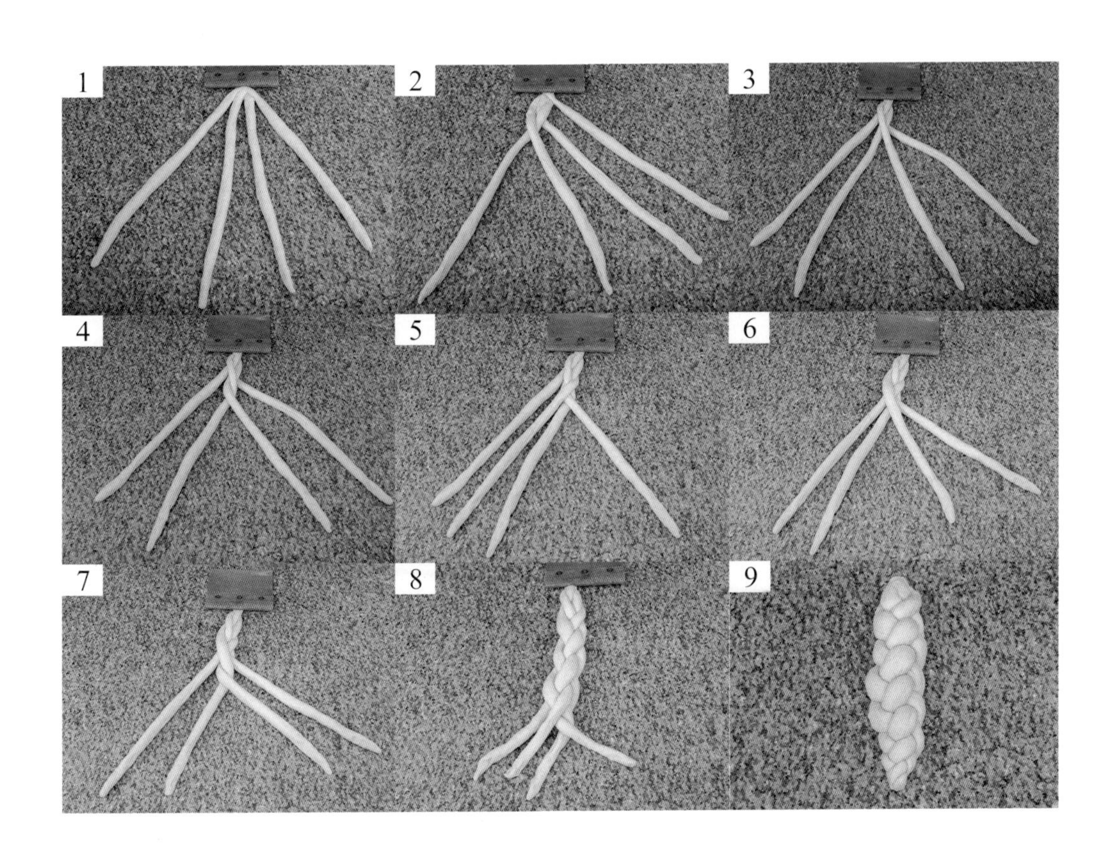

五辮作法

使用工具：矽膠墊、烤盤、切麵刀、毛刷、擀麵棍

需以排序公式，維持陸續編織的手法來完成，比四辮子所編織出的模樣造型更為立體。

五條搓揉成長條（圖 1），由右至左排序，以 2-3、5-2、1-3 的方式左右交叉編織（圖 2 ～圖 14），最後以上火 180℃ / 下火 150℃，烘烤約 33 分鐘著色，即完成作品。

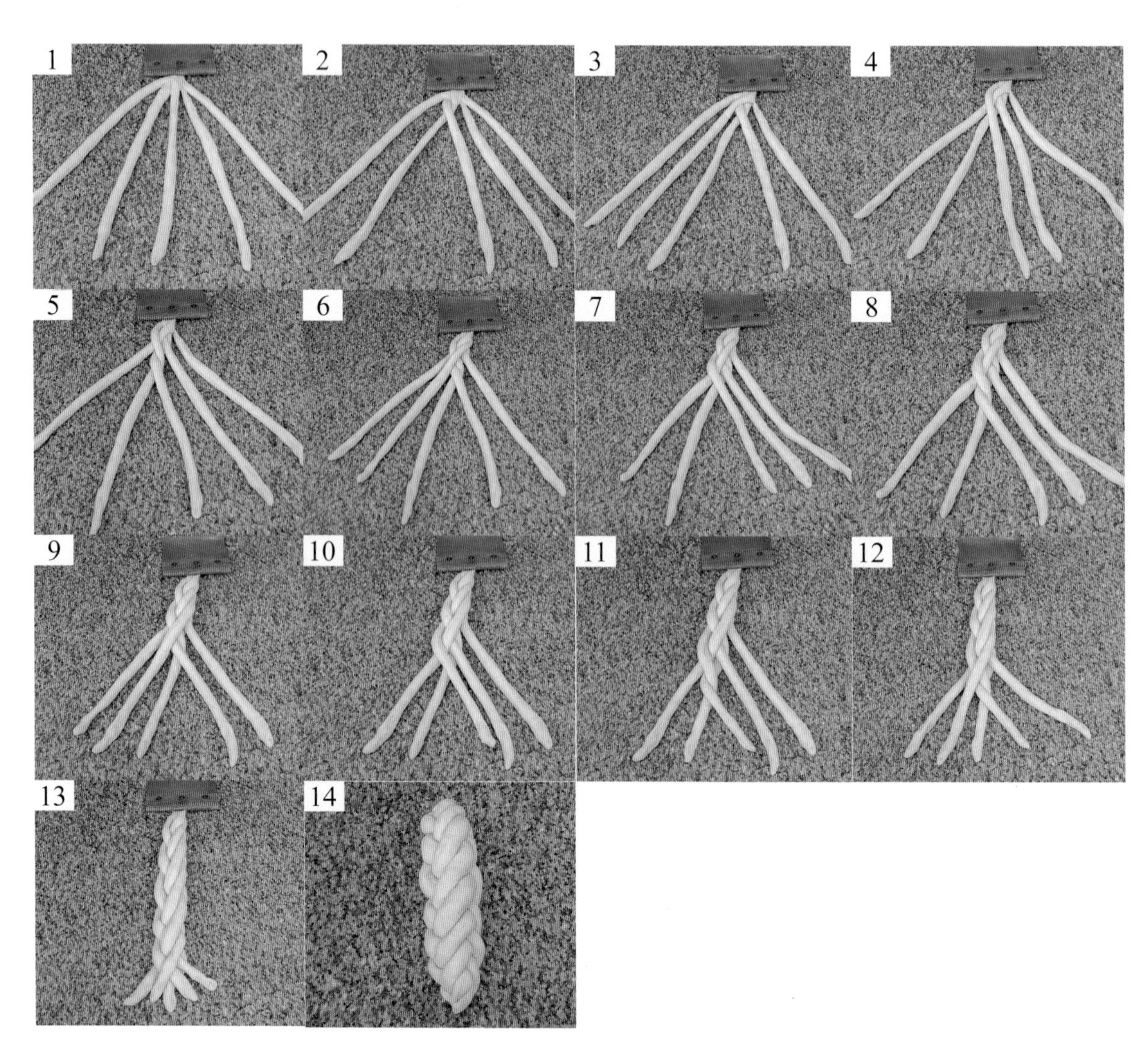

六辮作法

使用工具 : 矽膠墊、烤盤、切麵刀、毛刷、擀麵棍

需以排序公式，維持陸續編織的手法來完成，比五辮子所編織出的模樣造型更為突顯，要特別注意底部需確實朝下放置。

六條搓揉成長條（圖 1），由右至左排序，以 6-4、2-6、1-3、5-1 左右交叉編織（圖 2 ～圖 14），最後以上火 18℃ / 下火 150℃，烘烤約 35 分鐘著色，即完成作品。

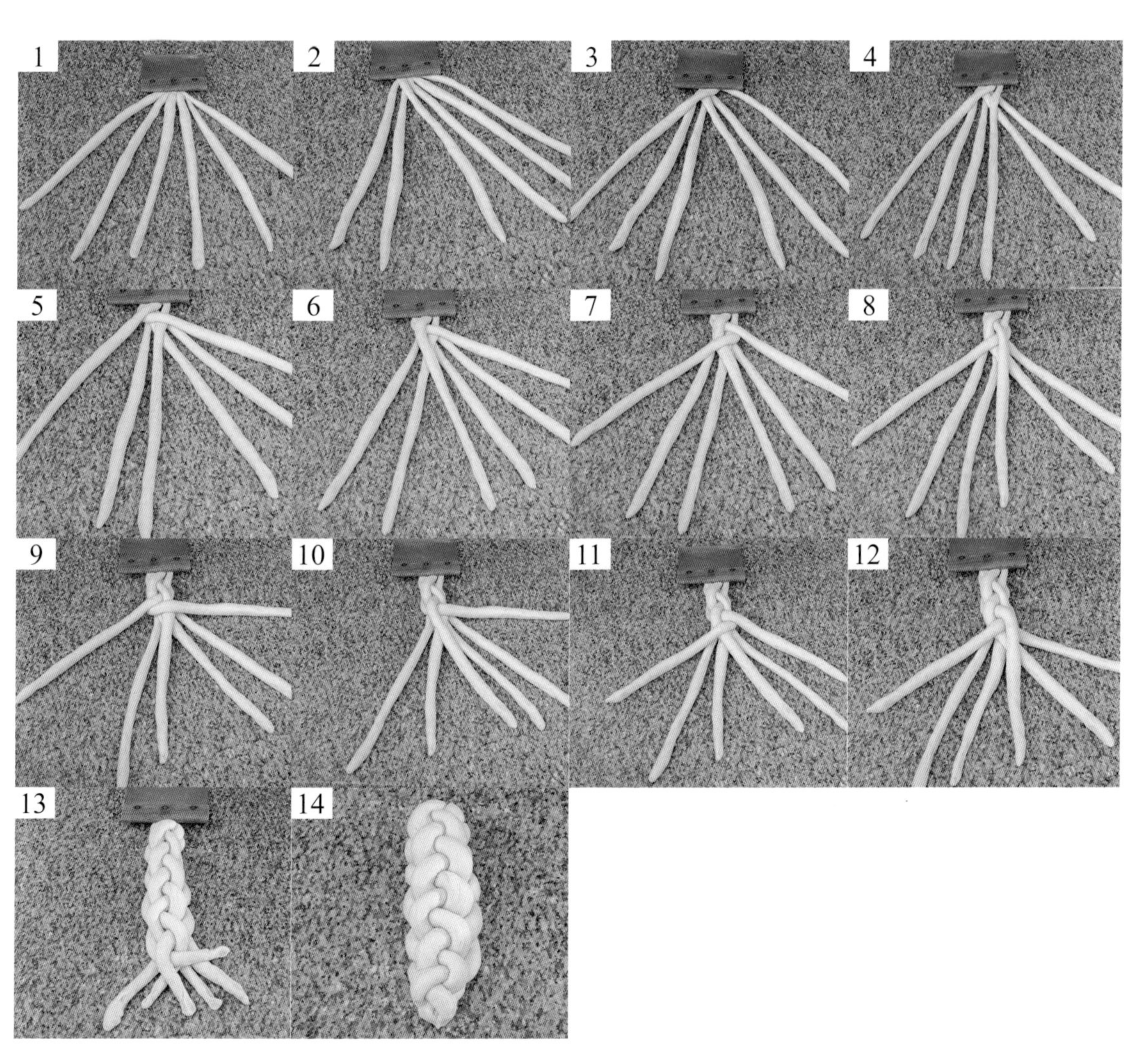

顏色對比交叉編織作法

使用工具：矽膠墊、烤盤、切麵刀、毛刷、擀麵棍

以方片條方式作編織基礎，但不同處在於兩種顏色相互交叉，編織好整片麵團再進行套模、裁切使用。

1. 先將兩種不同顏色的糖漿麵團壓延光亮，再壓延成片，靜置鬆弛 10 分鐘。
2. 分別平均的切割成方條狀（圖 1、圖 2），依所需要的條數與不同的顏色對比交叉編織（圖 3 ～圖 8）。
3. 編織完後調整所要的形態（圖 9），以上下火各 130℃，烘烤 45 分鐘著色，即完成作品。

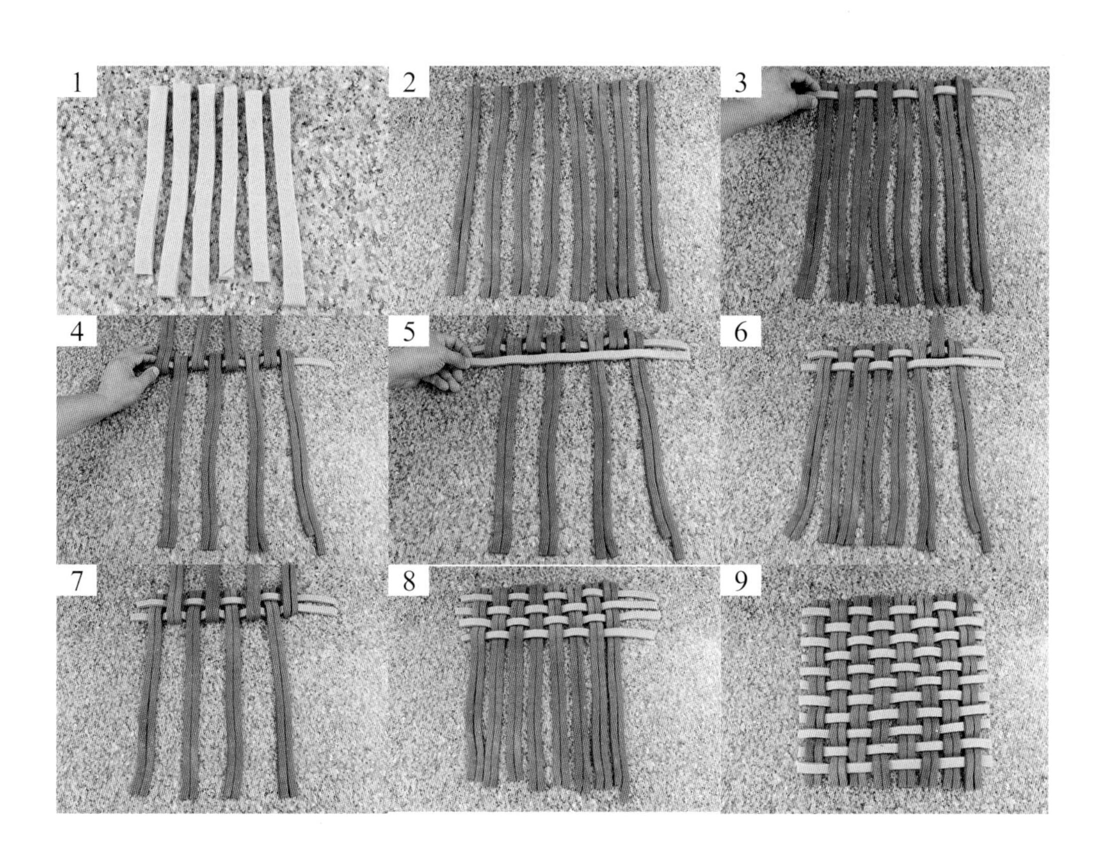

方片條編織作法

使用工具 : 矽膠墊、烤盤、切麵刀、毛刷、擀麵棍

以方片條方式作編織，如同早期籐籃編織模式，編織好整片麵團再進行套模、裁切使用。

1. 先將糖漿麵團壓延光亮，分割滾圓成團，再壓延成片，靜置鬆弛 10 分鐘。
2. 平均的切割成方條狀 (圖 1)，依所需條數交叉或重疊編織 (圖 2)。
3. 編織完再調整所要形態 (圖 3)，以上下火各 150℃烘烤約 45 分鐘著色，即完成作品 (圖 4)。

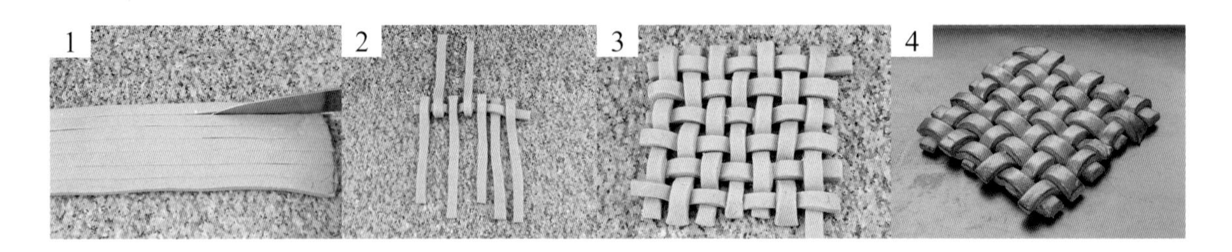
1 2 3 4

愛心編織作法

使用工具 : 矽膠墊、烤盤、切麵刀、毛刷、擀麵棍

以條編織與片編織作為主題搭配，做出新形框架，若再搭配玫瑰花，會是最佳表白方式。

1. 兩條不同顏色麵團壓延光亮，搓為長條後 (圖 1)，交叉編織 (圖 2)。
2. 依顏色交叉編織作法，將不同顏色對比交叉編織，編出整片 2x2cm 方形長條麵團。
3. 將準備好的心型紙張放上（圖 3），沿著邊緣裁切，即完成作品（圖 4）。

1 2 3 4

球編織作法

使用工具：矽膠墊、烤盤、切麵刀、毛刷、擀麵棍

以兩條雙對比式作編織，作法與兩條的平面水滴型一樣，但不同處在於條數與寬面增加相互交叉，做出來的造形更為明顯。

1. 基本條狀辮子兩條搓揉成長條，兩條於中心處重覆（圖 1），交叉編織（圖 2 ～圖 8）。
2. 尾端兩條搓揉成長條（圖 9），左右兩邊平面圍繞交叉編織，尾端結合（圖 10），再由下往上捲起成球形（圖 11 ～圖 14）。
3. 以上下火各 150℃，烘烤約 40 分鐘著色，即完成作品。

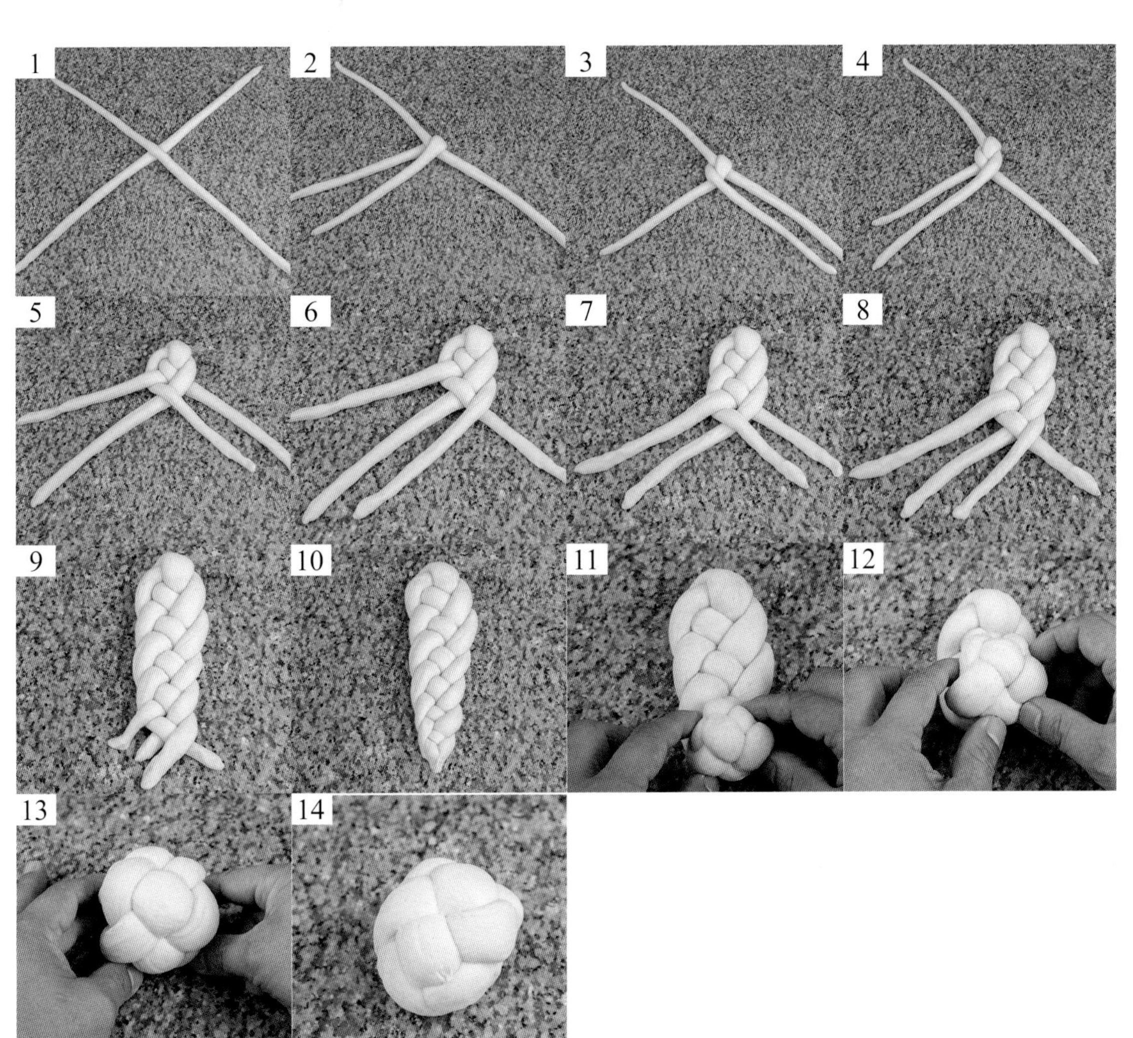

手豎琴編織作法

使用工具：矽膠墊、烤盤、切麵刀、毛刷、擀麵棍

歐州最傳統的藝術麵包表現，可以有加酵母及無加酵母的麵團來完成，是最具有音樂曲風的表現。

1. 將奶油麵團壓延光亮，分割成五個 100g 及六個 50g，滾圓。
2. 先將 100g 麵團搓揉成長條狀（圖 1），以五辮子方式（2-3、5-2、1-3）編織成形，再捲曲成手豎琴狀。
3. 分別將 50g 麵團戳揉成細條（圖 2），交叉重疊放置（圖 3），放入手豎琴中間（圖 4），作為琴弦。
4. 擦拭蛋液，靜置 10 分鐘後，以上火 150℃ / 下火 130℃，烘烤 40 分鐘著色，即完成作品。

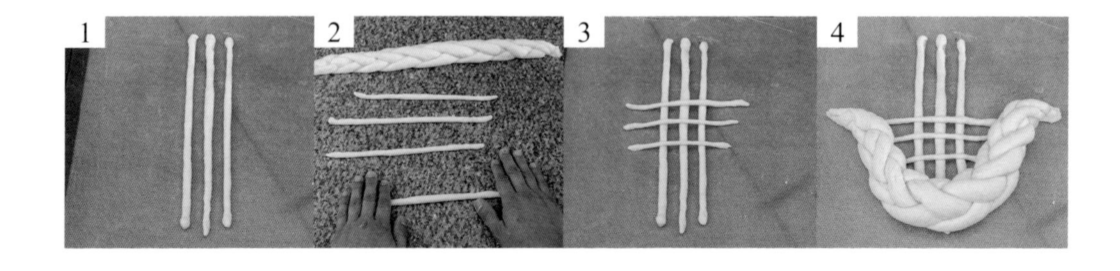

海星編織作法

使用工具：矽膠墊、烤盤、切麵刀、毛刷、擀麵棍

將十條辮子麵團結合，整形出海星模樣，是種極為討喜的作品，放在展示台上更有可看性。

1. 使用十條80g的辮子麵團，將兩邊搓揉成微尖細狀。
2. 以交叉編織方式，四條編織成一組，圍繞成圈（圖1）。
3. 將四條為一組，依序編織成五個尖角（圖2～圖9）。
4. 擦拭蛋液，以上火150℃／下火140℃，烘烤50分鐘著色，即完成作品。

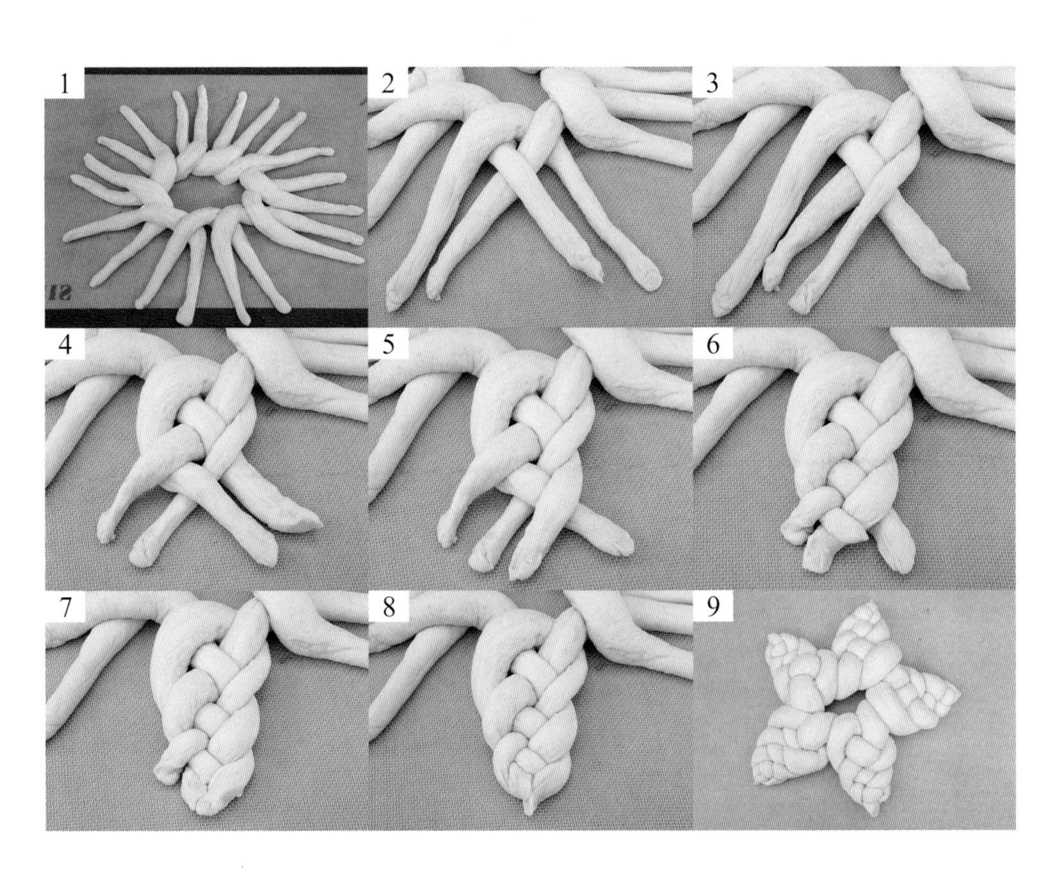

第六節　緞帶製作技巧

緞帶是種能表現出不同顏色組合的模式，能將多種顏色一致性表現的亮眼技巧，適合套用在穿著、旗子及禮盒等製作時運用。

三色緞帶作法

使用工具：矽膠墊、烤盤、白油、鋁泊紙、雞蛋框、擀麵棍

1. 先將紅(番茄)、黃(咖哩)、綠(抹茶)等三種麵團壓延光亮(圖1)。
2. 將綠、黃、紅色麵團搓揉成長方條狀（圖2～圖4），再把三種麵團一起組合（圖5）。
3. 使用壓麵機，將三色橫向壓延至所需要薄度約2~2.5mm(圖6)。
4. 裁切完後，依序套入模具（需包鋁泊紙，擦拭白油），做成蝴蝶結狀（圖7～圖10）。
5. 以上火150℃ / 下火140℃，烘烤25分鐘著色後，再將錫箔紙取出，即完成作品。

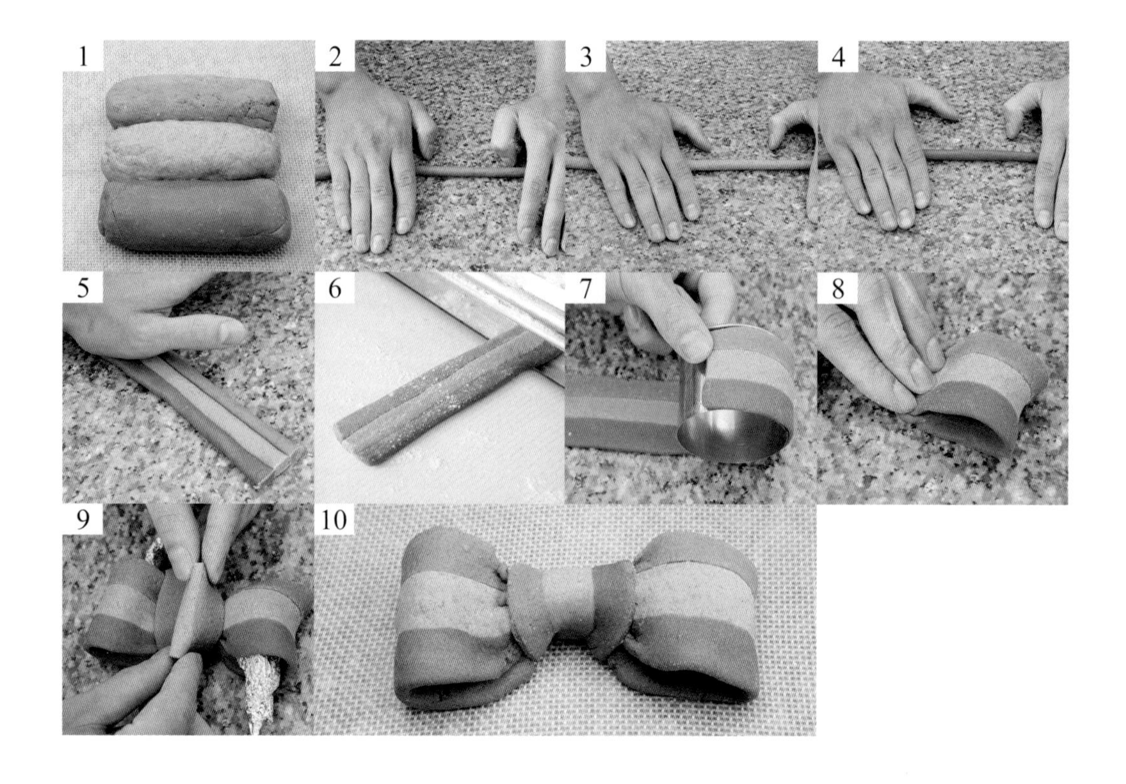

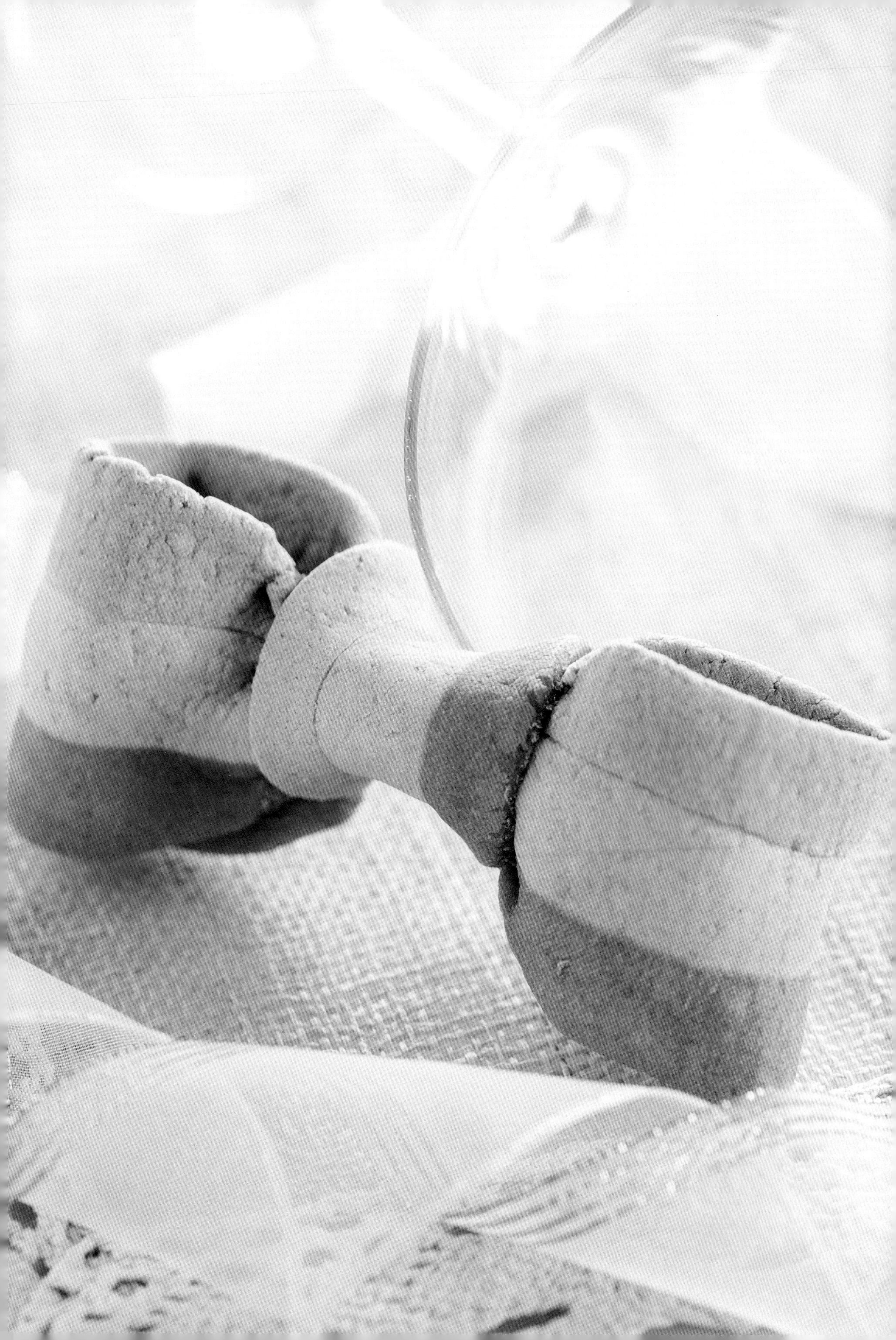

第七節　絹印技巧

能直接繪圖，仔細的複製並表達形態，讓觀賞者馬上得知『主題訴求』的絹印技巧，是種把美工製畫運用最徹底的一門工藝技術，其就如同我們所穿著衣服上麵的圖樣，顯著易懂，而這門技術早已流傳於拉糖、巧克力、麵包及小型工藝製作時被廣泛使用，是初學者要認真去懂的一門學習課題。

紙墊板絹印作法

使用工具 : 紙墊板、切麵輪刀、矽膠墊、烤盤、小毛筆

以雕刻好的紙板，藉由鏤空處絹印，做出最經濟實惠的表現。

1. 先將糖漿麵團壓延光亮，並展延開來，再覆蓋保鮮膜或塑膠袋，鬆弛 25 分鐘。
2. 準備絹印配方的材料，充份攪拌均勻。
3. 將鬆弛好的麵團，用切麵輪刀裁切好尺寸。
4. 準備已切割好圖樣的紙墊板，將紙墊板放於麵團上（圖 1）。
5. 一手拿著紙板，一手以捐板刷由右上往下塗抹（圖 2），再由下往上把紙墊板慢慢與麵團拉開（圖 3）。
6. 若未印到塗料的麵團可適當拿小毛筆沾塗料塗抹。
7. 待塗料微乾後烘烤，以上火 150℃ / 下火 140℃，烘烤 25 分鐘著色，即完成作品（圖 4）。

1
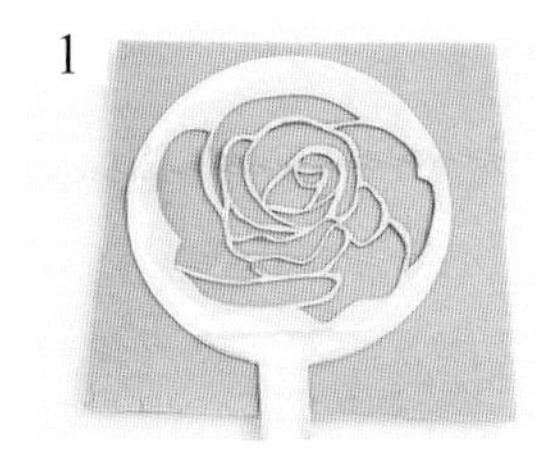
2
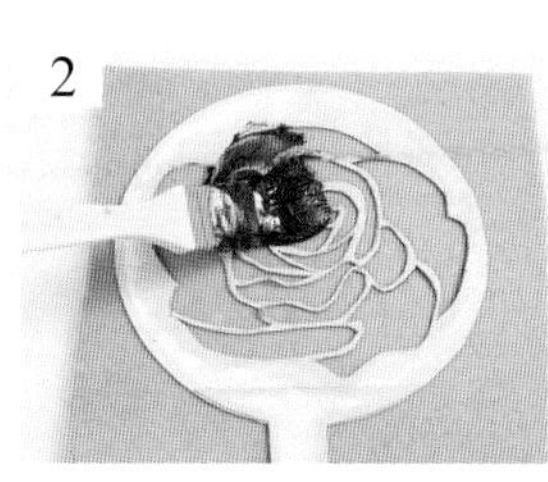
3

4

壓克力板絹印作法

使用工具：壓克力板，切麵輪刀，矽膠墊，烤盤

經由刻製好的壓克力板，於鏤空處絹印，可多次使用。

1. 先訂製一片厚度 0.3cm 的壓克力板，依需求刻字或圖案將其鏤空。
2. 將發酵好的麵團上方噴點水，把壓克力板輕放上去（圖 1）。
3. 高筋麵粉放入小篩網，再將麵粉過篩，灑在壓克力板上（圖 2、圖 3）。
4. 將壓克力板往上拿起，即完成作品（圖 4）。

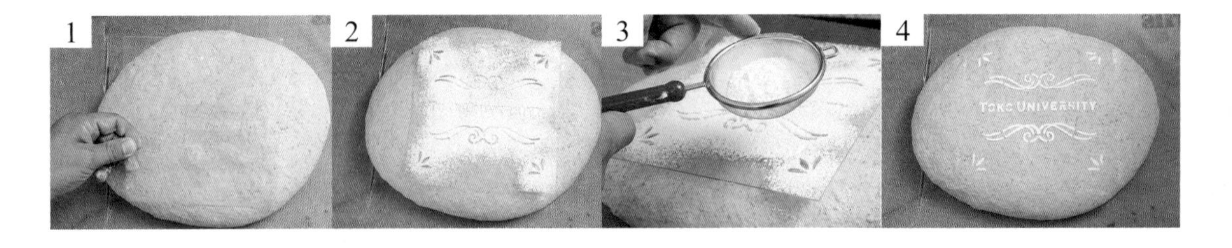

網板絹印作法

使用工具：絹板，切麵輪刀，矽膠墊，烤盤，小毛筆

以美工網板的方式，藉由鏤空處絹印，可多次使用，能將很細部的線條呈現、圖案清楚表現。

1. 先將糖漿麵團壓延光亮並展延開來（圖 1），再覆蓋保鮮膜或塑膠袋，鬆弛 25 分鐘。
2. 準備絹印配方的材料，充份攪拌均勻，將鬆弛好麵團，用切麵輪刀裁切好尺寸。
3. 將絹印網板（需乾淨無水污）蓋在麵團上（圖 2）。
4. 一人雙手拿著絹印網板輕壓兩旁，一人由右上往下將絹印網板塗抹絹印材料（圖 3～圖 7），刷抹完後再由下往上把絹印網板慢慢與麵團拉開（圖 8）。
5. 若未印到塗料的麵團，可適當拿小毛筆沾塗料刷抹。
6. 待塗料微乾後，以上火 150℃ / 下火 140℃，烘烤 25 分鐘，即完成作品。

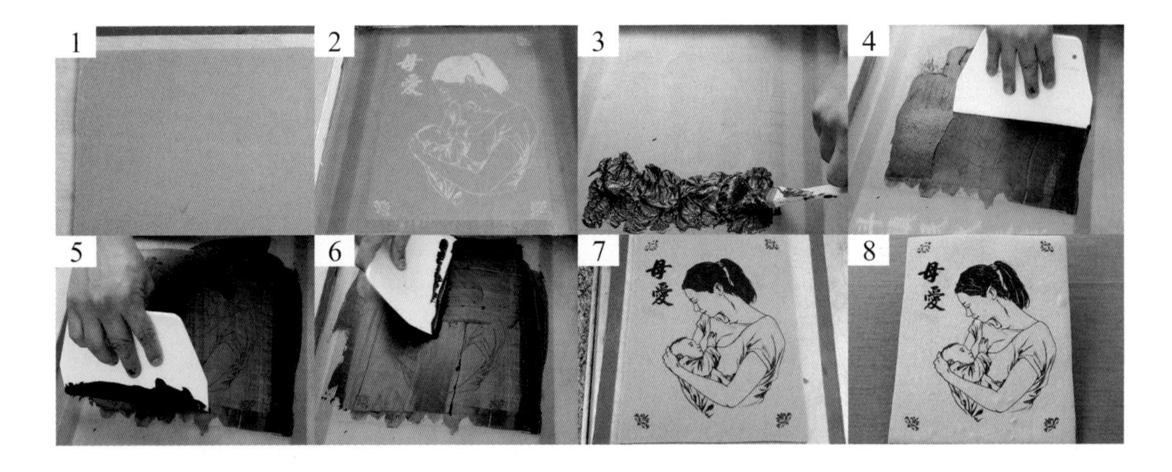

母愛

第八節　球形組合技巧

『球』是圓的象徵，是每項工藝技術製作都會出現的基本技巧，如何在做好時組合的很完美才是重點。

孔球作法

使用工具 : 中半圓模具、切麵輪刀、矽膠墊、烤盤、中圓口花嘴、擀麵棍

1. 準備兩個中半圓模具與一個中圓型花嘴，並在外表披覆鋁薄紙，擦拭白油備用。
2. 拿出要做的圓型，先將糖漿麵團壓延光亮，並展延開至所需厚度約 2mm 的麵皮。
3. 將展延開的麵皮披覆在半圓模具上，再用手推齊，以切麵輪刀切掉四周多餘部分。
4. 靜置乾燥 2 小時，待表皮鬆弛乾硬後，使用中圓口花嘴由中心點壓出孔洞（圖 1），依序將兩個中半圓麵團以等距離戳孔洞（圖 2）。
5. 以上下火 130℃ 烘烤 25 分鐘，脫模邊緣修齊，在兩個邊緣接縫處 (圖 3)，擠上一條裸麥熟麵糊，將其兩個半圓組合成一個球狀 (圖 4)。
6. 將圓型花嘴所壓出一些小圓片，依序重疊黏貼在兩個邊緣接縫處 (圖 5)
7. 以上下火 130℃ 烘烤 20 分鐘，即完成作品 (圖 6)。

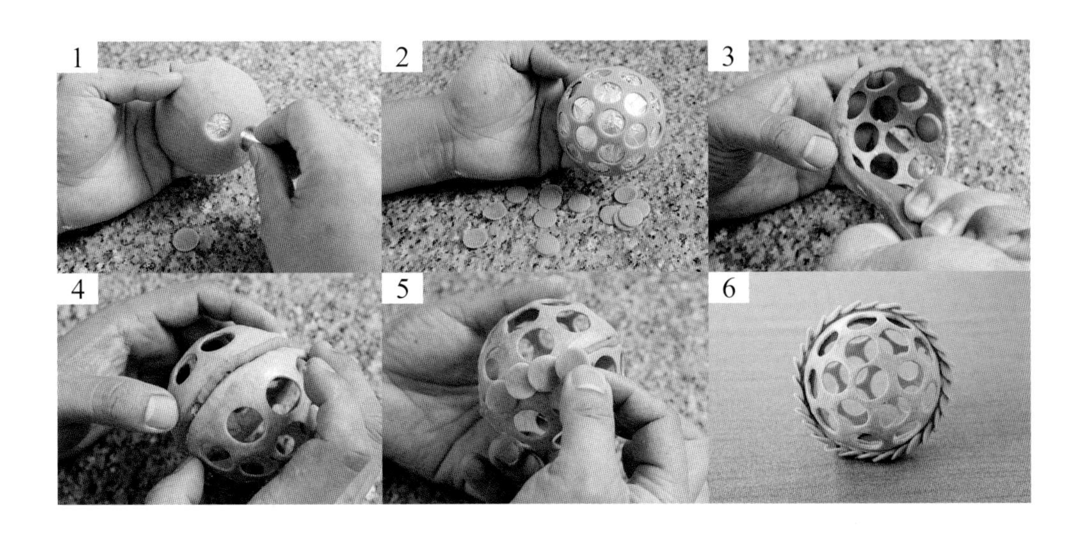

第九節　平面板貼技巧

若要說明何謂圖板黏貼，以拼圖跟平面剪貼來形容為最恰當，當然這項技巧若用運的好，可把平面圖變成有深度的 3D 模式來表現，目前最常出在藝術麵包的方式都只是在磚塊或平面背景呈現居多，作者曾在國際賽看過蒙娜麗莎圖版分成塊狀後，再黏貼組合成作品，在此為了將其作法呈現，以最清楚的卡通平面方式來表達。

圖板黏貼作法

使用工具 : 圖板、矽膠墊、烤盤、毛刷、細針、擀麵棍

1. 先備好一個奶油麵團，將麵團桿壓成圓形，厚度約 3mm，靜置 25 分鐘 (圖 1)。
2. 使用圓型中空壓模，壓出兩個小圓麵團，作為兩個眼睛 (圖 2)。
3. 將其中一個小圓麵團擀捲開再對切，作為兩邊耳朵 (圖 3)。
4. 另一個小圓擀捲成圓形，麵團戳兩個孔作做為鼻子（圖 4、圖 5）。
5. 以上火 150℃ / 下火 130℃，烘烤 25 分鐘，即完成作品（圖 6）。

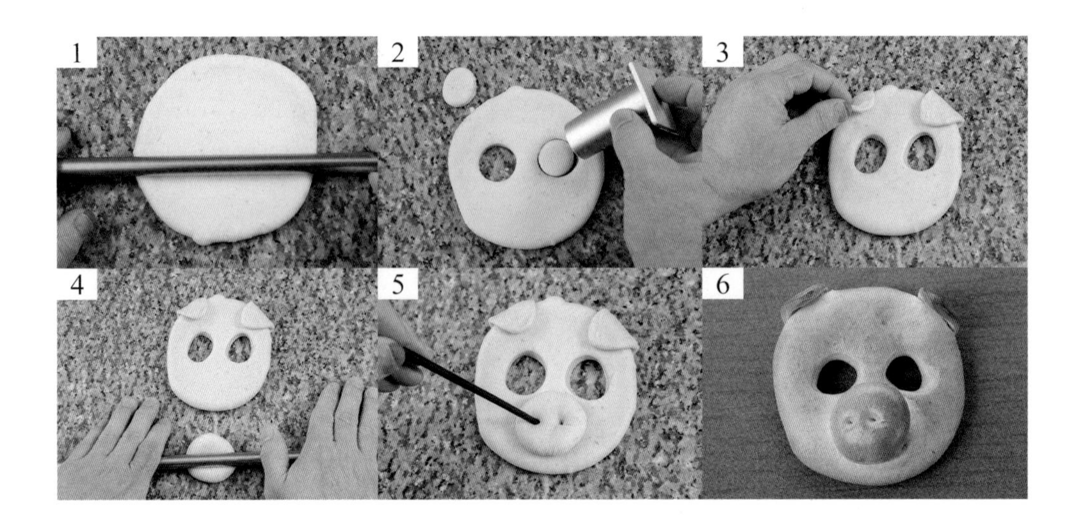

第十節　披覆技巧

早期在歐美藝術麵包的製作，很少會使用這技巧，到現在這門技術常出現於動態與靜態作品中，其實只要熟練麵筋性並充份抓緊鬆弛時間，這門技巧是最容易表現一體成形的方法，也可以用來修飾缺陷與改變造形。

披覆作法

使用工具 : 小刀、矽膠墊、烤盤、毛刷、擀麵棍、紙板面具

1. 將糖漿白麵團壓延光亮 (圖 1)。
2. 準備一個紙板面具，將麵團覆蓋在上面 (圖 2)，再依麵團造型所需部位 (如眉毛、鼻子、嘴巴等) 壓蓋密合。
3. 使用滾輪刀將四周多於麵團切齊 (圖 3)。
4. 使用美工刀將眼睛部位切開鏤空 (圖 4)，即完成作品。

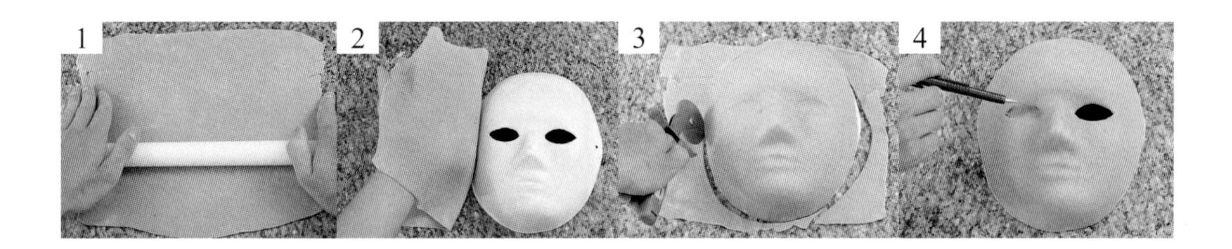

第十一節　紋路技巧

紋路技巧是所有技巧中最自然的表現模式，要多注意製作的方式，若方式有錯，外觀美感會有很大的差異，所產生自然紋路與龜裂程度也會不同。

淺紋作法

使用工具 : 切麵滾輪刀、矽膠墊、烤盤、毛刷、擀麵棍

淺紋的表現方式，是以基本的蛋黃彩繪，以著色深淺度來表現出技巧。

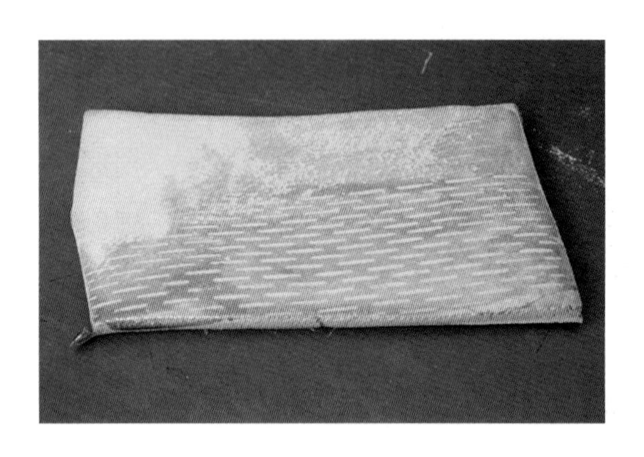

1. 將糖漿白麵團壓延光亮至所要的厚度。
2. 塗上一層蛋黃液，再用叉子或毛刷在表面上順滑 (圖 1~ 圖 4)。
3. 靜置 10 分鐘後，以上火 150℃ / 下火 130℃ ，烘烤 25 分鐘，即完成作品。

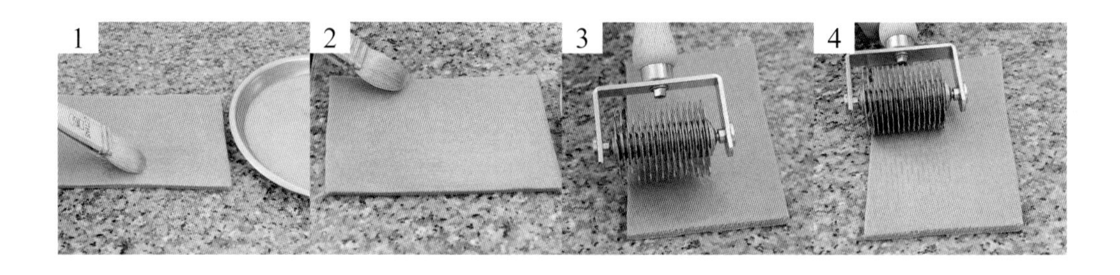

獸紋作法

使用工具：切麵滾輪刀、矽膠墊、烤盤、毛刷、擀麵棍

獸紋路是新的技巧，以咖啡作表皮塗料，待乾燥後經由壓麵機壓延出龜裂紋路。

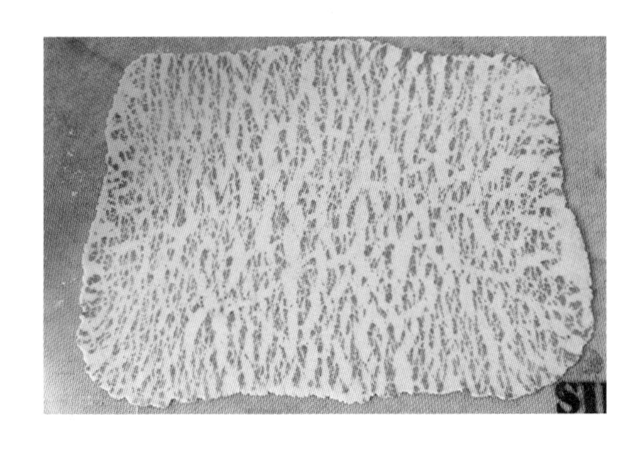

1. 在來米麵團壓延光亮一個四方長厚型。
2. 將即溶咖啡熱溶後，塗抹在麵團表面上（圖 1、圖 2），以上火 130℃ / 下火 100℃，烘烤 5 分鐘（圖 3）。
3. 取出靜置 10 分鐘 (圖 4)，等熱度微散發。
4. 由壓麵機 (丹麥機) 順方向，來回壓延出所要的厚度與紋路 (圖 5~ 圖 7)。
5. 再以上火 130℃ / 下火 100℃，烘烤約 3 分鐘，即完成作品（圖 8）。

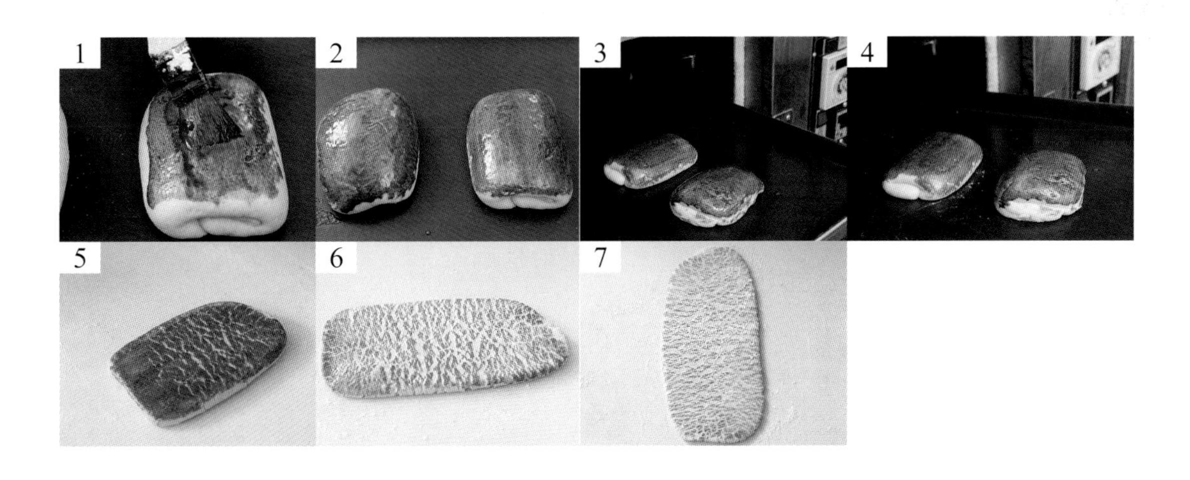

樹紋作法

使用工具 : 切麵滾輪刀、矽膠墊、烤盤、毛刷、粉篩網、擀麵棍

樹紋的表現方式，是藉由巧克力麵團與麵粉的對比色差，加上製作捲起時產生的自然龜裂技巧，常使用於樹木的製作。.

1. 將糖漿黑麵團壓延光亮至所要的厚度與寬度 (圖 1)。
2. 在麵團上面噴少許水，表面灑層薄薄麵粉 (圖 2、圖 3)。
3. 進烤箱以上火 150℃ / 下火 100℃烘烤 5 分鐘。
4. 烘烤完倒在矽膠墊上，再橫向由下往上捲起 (圖 5~ 圖 7)。
5. 再使用剪刀剪出樹幹支架（圖 8），以上火 150℃ / 下火 100℃，烘烤 30 分鐘，即完成作品。

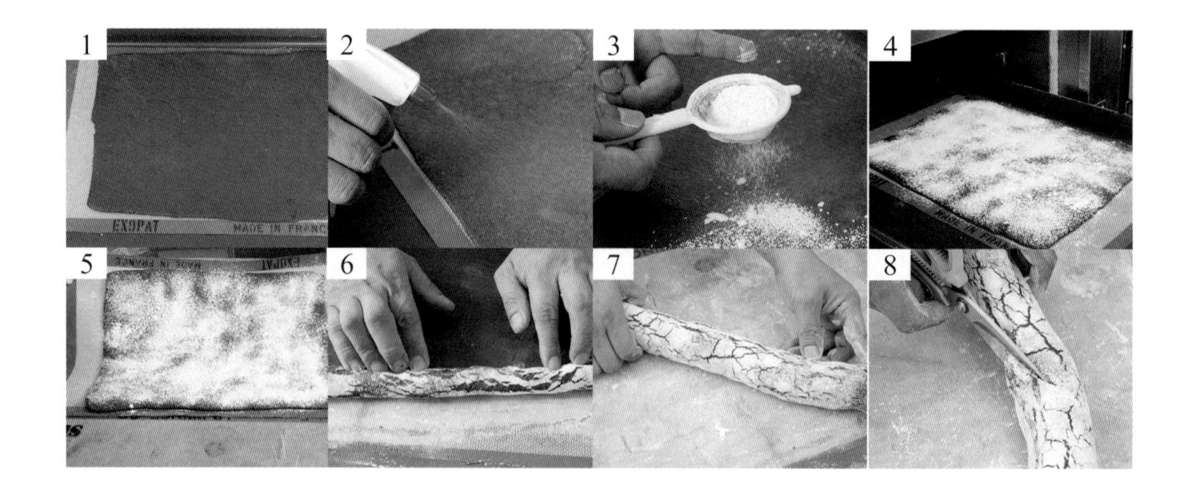

第十二節　砌磚技巧

早期先將麵包烤過，切片後再各片逐步張貼，要求四方整齊，又要相互交叉；砌磚技巧是可以運用的，效率不足又常因沒對齊，外觀歪七扭八，建議可以參考使用這技巧，會有深度與一致感。

砌磚作法　　使用工具 : 長、短鐵尺、切麵滾輪刀、矽膠墊、烤盤

1. 將巧克力麵團壓延光亮，再壓延成一個四方長型，厚約 2cm。
2. 使用鐵尺劃好橫與寬線等距，再依線壓模 (圖 1)，交叉壓出方塊形 (圖 2)。
3. 將麵團對齊修飾，以上下火各 130℃，烘烤約 25 分鐘，即完成作品。

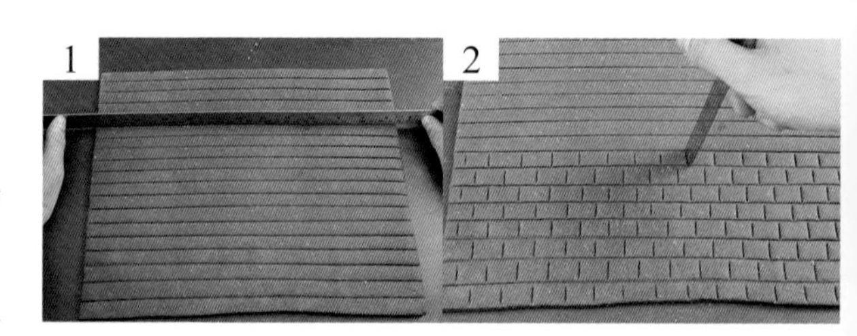

第十三節　彩繪技巧

國劇內角色臉譜都以不同彩繪來表達，而這門技巧也被運用於藝術麵包上，但大多數都用於臉譜彩繪，建議能運用在麵包畫圖上，會更有特色，但彩繪處不可畫的太複雜、範圍不可太大，會失去麵包經過自然烘烤後焦黃色的表徵。

彩繪作法　　使用工具 : 面具紙板、鋁薄紙、剪刀、矽膠墊、烤盤、毛筆、畫盤、毛刷

1. 面具紙板表面覆蓋一層鋁薄紙，並塗抹白油。
2. 將麵團壓延光亮，再壓至厚度約 2mm 後，覆蓋在面具紙板上，將四周多餘切除，靜置 30 分鐘 (請參閱第十節披覆製作技巧)。
3. 放進烤箱，以上火 130℃ / 下火 100℃，烘烤 15 分鐘。
4. 出爐待冷卻 1 小時後，用毛刷微刷去麵皮的粉屑。
5. 使用食用色素 (水、油性) 上色 (圖 1、圖 2)。
6. 上色完靜置 1 小時，待表面色料微凝乾後，再以上下火 130℃，烘烤約 10 分鐘，即完成作品。

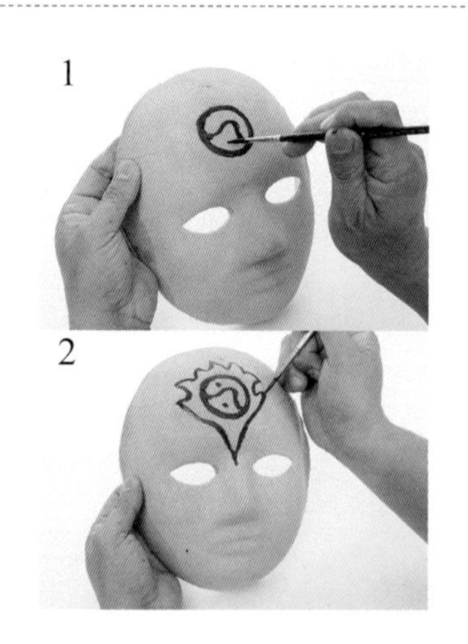

第十四節　戳鬚毛技巧

這技巧是在杏仁膏捏塑時，燙捲毛或毛球的表現手法，但使用細針或牙籤時，所挑的方向與手法會有不同。本技術適合用於人的短頭髮、鬍渣、衣服、動物、昆蟲短毛鬚的表現；使用時麵團不可太濕軟，作品完成時需保持乾燥，一定不能有受潮的狀況發生，若嚴重受潮溼時，外表顆粒狀會坍塌變形，破壞整體美感。

戳鬚毛作法　　使用工具：細針、矽膠墊、烤盤、切麵刀

1. 拿起細針依序微挑出表面成顆粒鬚毛狀 (圖 a)。
2. 放進烤箱，以上下火各 110℃，烘烤 25 分鐘即可。

a

第十五節　網條鏤空技巧

出現在世界盃比賽上，用來做大鳥的翅膀，讓人印象深刻，但其作法重點麵團搓揉時，線條是否能粗細一致，所排列出來彎曲角度需是柔美的；也有人使用擠花袋填充軟麵糊，再擠出線條，其麵糊水分不可太多或攪拌太鬆發，所烘烤出來的作品才容易保存並不易碎裂。

網條鏤空作法　　使用工具：矽膠墊、烤盤、切麵刀及 3 吋半吋圓模、擀麵棍

1. 將糖漿白麵團壓延光亮後，使用壓麵機延展至2mm的厚度，長12cm、寬8cm，覆蓋塑膠袋，放置冷藏 25 分鐘。
2. 使用兩個 3 吋半的圓模，外表以鋁箔紙包覆，並擦拭白油。
3. 將放在冷藏的麵團取出，以網狀車輪刀割出細條深紋 (圖 1)。
4. 再將麵皮撐開出網狀，披覆在圓模的表面上 (圖 2)。
5. 以上火 150℃ / 下火 130℃，烘烤約35 分鐘，再以糖漿麵糊將兩個組合，即完成作品（圖3）。

1

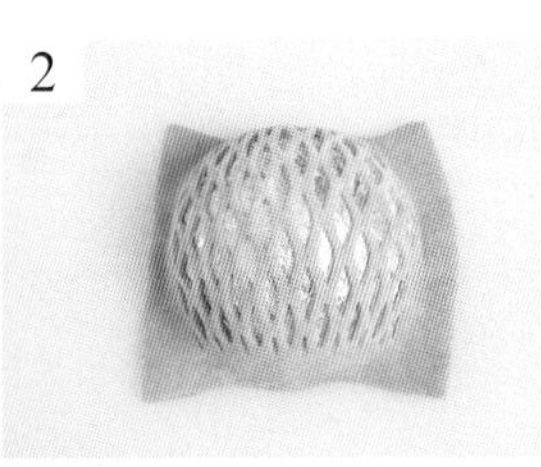
2

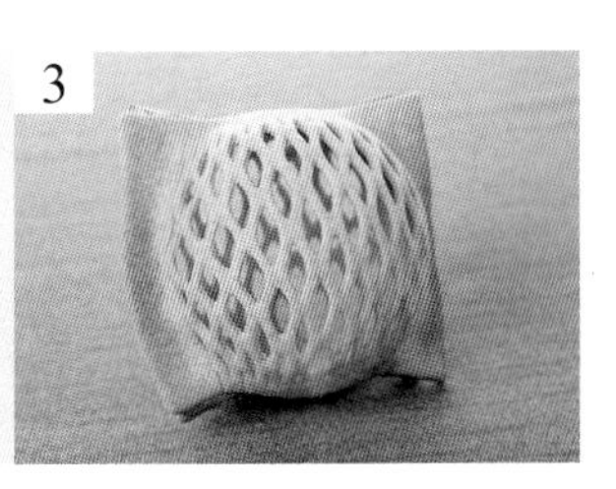
3

第十六節　焦烤技巧

用來燒烤焦糖布丁與鯛魚壽司的瓦斯噴燈，也可使用在燒烤麵包表皮上，表現其焦烤過的痕跡，有種像書頁被火燒過的感覺，也可以用燒烤麵包磚塊與皮革。使用糖漿會使燒烤時顏色更亮，更快達到自然焦黃色。

焦烤作法

使用工具：瓦斯噴火槍、矽膠墊、烤盤、切麵刀

1. 將烤好的糖漿麵團，在四周圍微沾黃糖或糖液，也可以不沾糖液直接烘烤，但顏色會比較不光亮。
2. 準備瓦斯噴火槍噴烤成深焦黃色或焦黑色 (圖 1~ 圖 4)。

※ 也可使用裁切好紙板覆蓋在烤好的麵團上，再以瓦斯噴火槍噴烤成深焦黃色或焦黑色。

12
9
3
6

Happy Birthday

第十七節　書寫技巧

書寫字體，是一種美感與藝術的表現方式，尤其是英文或漢字書寫體，在藝術麵包工藝技術裡，書寫方式不是手拿支毛筆，而是將麵糊填裝在三角紙內，再擠出字體，需要一點慣用經驗，寫完再經烤爐低溫烘乾，一般會把它使用在對麵包商品名稱或作品主題名稱來使用。

書寫巧克力麵糊

材料	百分比	重量
低筋麵粉	100%	100g
砂糖	5%	5g
可可粉	30%	30g
純咖啡粉	5%	5g
沸水	130%	130g

使用工具：電磁爐、矽膠墊、烤盤、切麵刀、三角紙、粉篩網

|作法|

1. 準備好所有材料，低筋麵粉與可可粉過篩一次。
2. 咖啡粉、砂糖與沸水一起攪拌均勻至溶化。
3. 將所有材料一起混合攪拌，放入鍋子微煮凝綢成糊狀，再過篩一次。
4. 取出一張三角紙捲好，填入麵糊後再擠出文字。
5. 以上下火各 130℃，烘烤約 10 分鐘至微乾，即完成作品。

第六章
作品實務製作

平面魚

平面魚

使用工具 : 細針、矽膠墊、烤盤、切麵刀、鋁箔紙、擀麵棍

使用這種作法可半平貼在看板上，做出浮貼之整體效果。

1. 將白糖漿麵團與黑糖漿壓延光亮，再壓至厚度約 2~3mm，靜置、鬆弛 20 分鐘。
2. 切割所要的整體圖形配件，逐一放置在烤盤上 (圖 1)。
3. 依序使用剪刀與工具組合貼上 (圖 2~ 圖 8)。

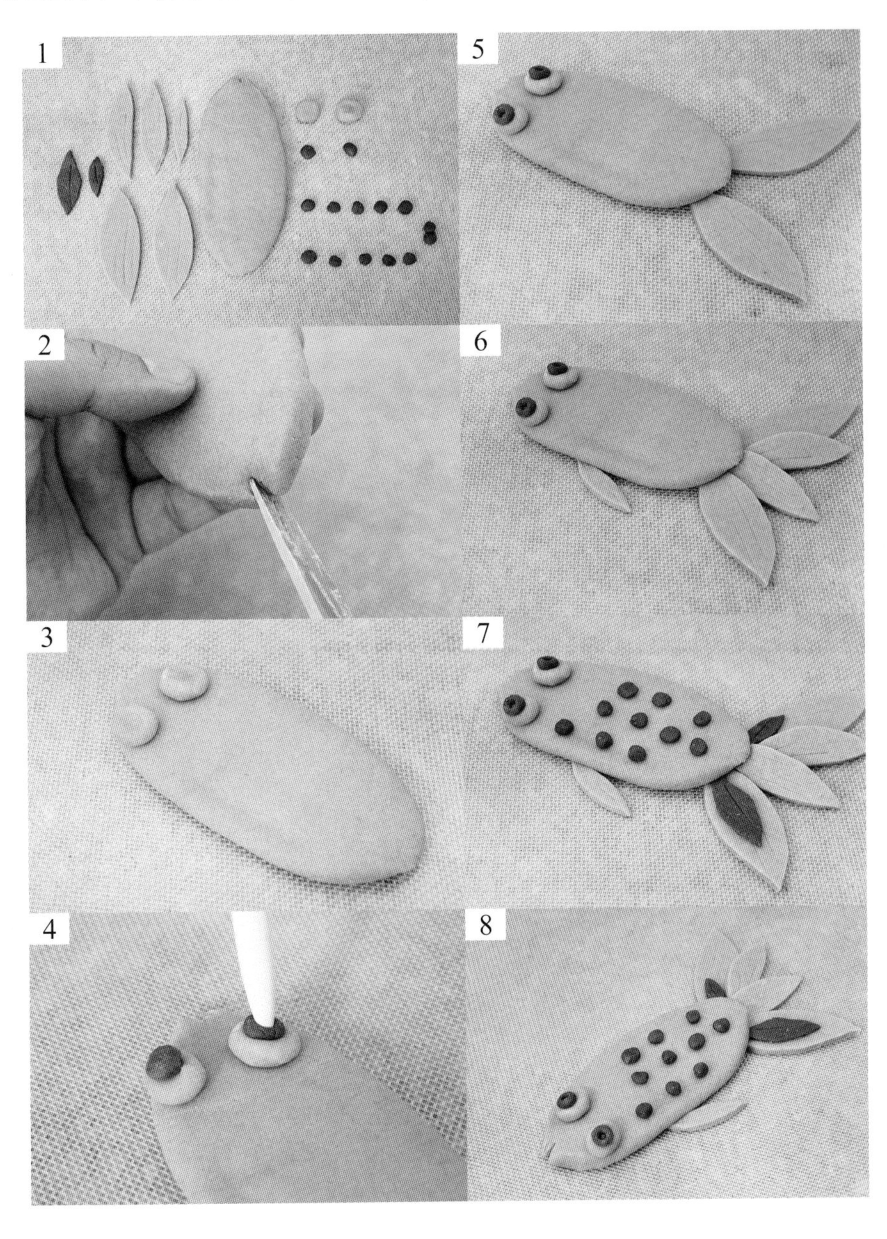

綠竹

使用工具 : 細針、矽膠墊、烤盤、切麵刀、擀麵棍

要做好竹子的節段分枝，需要在配方中添加 3% ~4%綠色食材，建議以抹茶粉或蔬菜汁為最自然色澤表現。

1. 將抹茶糖漿麵團壓延光亮，再搓揉成四條長細條 (圖 1)
2. 以上火 150℃ / 下火 130℃，烘烤約 15 分鐘（圖 2）。
3. 冷卻後，將糖漿麵糊沾黏在四竹節銜接處（圖 3），再貼上竹苗（圖 4）。
4. 使用一小塊抹茶糖漿麵團壓延至 1mm 厚度，用小滾輪切麵刀切出葉片形狀浮貼在竹苗旁 (圖 5、圖 6)。
5. 再以上火 150℃ / 下火 130℃，烘烤約 20 分鐘，即完成作品。

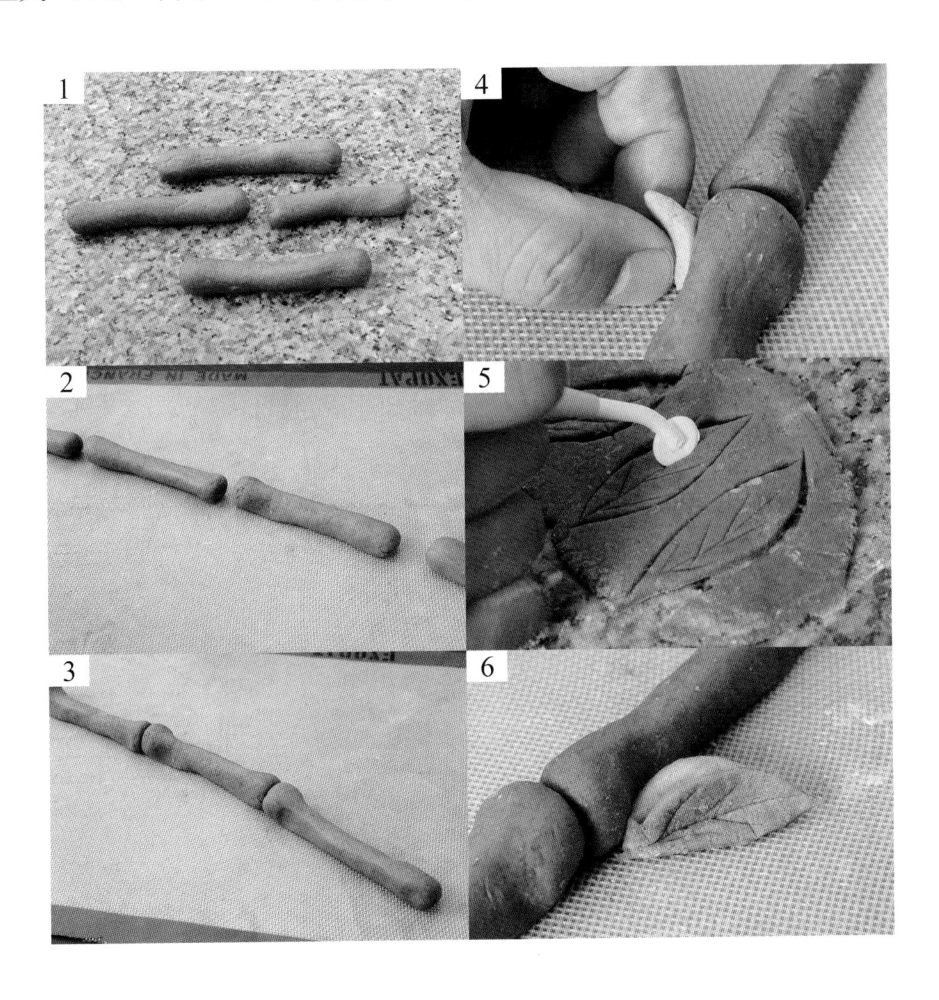

岩石

使用工具 : 矽膠墊、烤盤、切麵刀、字壓模、擀麵棍

灰色的調配是製作岩石作法的重要考量，以天然墨魚粉或竹碳粉調配出深淺顏色，並可做兩種或三種的組合，經烘烤後色澤淡化，就會產生出岩石效應。

1. 使用玫瑰麵團分成三等份，一等份為原色白麵團，第二等份加入少量竹炭粉呈淺灰色麵團，最後等份加入多量竹炭粉呈深灰色麵團 (圖 1)。
2. 將三種不同顏色的麵團分為小塊，再一起組合成形（圖 2 ～圖 6）。
3. 以上火 150℃ / 下火 130℃，烘烤約 20 分鐘，即完成作品。

※ 顏色勿烤太焦，才能逼真。

高跟鞋

使用工具：矽膠墊、烤盤、切麵刀、高跟鞋鋁箔紙墊、鞋板、鞋套繪圖紙板、擀麵棍

先設計好高跟鞋的幅度，以預先準備好的輔助器具，裁切好的麵團烘烤熟後，再進行黏貼組合，即完成美麗的高跟鞋，可使用紅麴粉作為紅色元素表現。

1. 先設計鞋板及鞋套，以紙板切割好，再用報紙塑形後，於外層包覆鋁箔紙為烘烤時的底座（圖1）。
2. 紅麴麵團壓成厚度3mm，依鞋套跟鞋板圖切割麵團，於鞋板上貼一片麵團（圖2～圖5）。
3. 鞋跟以搓揉的方式成型；做出鞋面、後鞋帶、領結（圖6～圖17），披覆於鋁箔紙，將多餘的部分修整，與鞋跟以上火130℃ / 下火110℃，烘烤約45分鐘。
4. 烘烤後再以糖漿吉利丁麵糊組合黏密，即完成作品（圖18）。

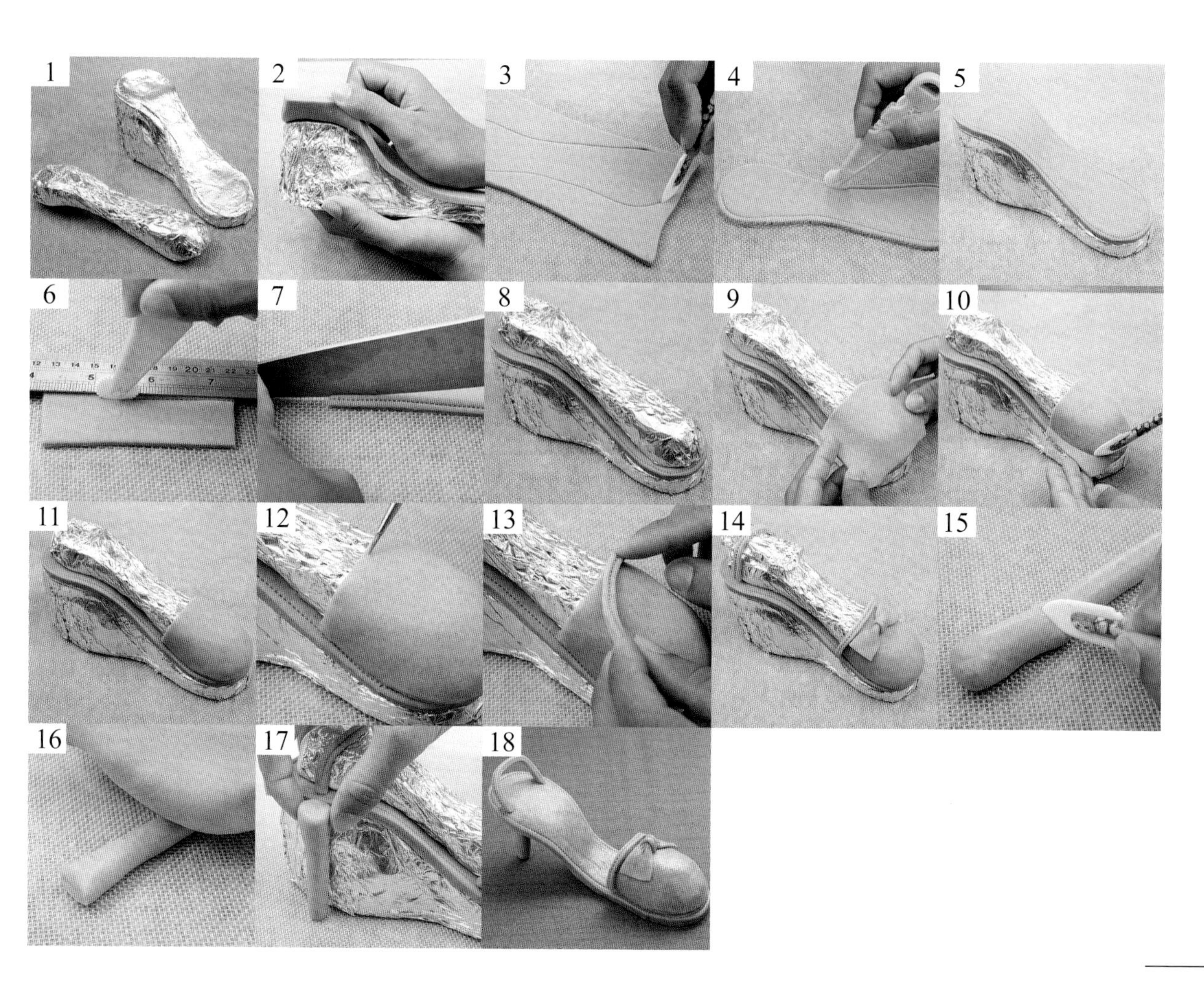

圍棋

圍棋做法分為旗盤與旗子，棋盤畫線需直橫線分明，所以不需套用網版絹印技巧，絹印麵皮後再經由烘烤來完成，旗子需使用凹圓模具，經由烘烤膨脹後完成兩面互凸現象。

棋盤

使用工具：矽膠墊、烤盤、切麵刀、棋盤捐版、毛筆、擀麵棍

1. 準備一個圍棋捐板、毛刷與塑膠刮板。
2. 使用糖漿白麵團壓延光亮，壓延至厚度約 3mm 的長方形，靜置鬆弛 30 分鐘。
3. 裁切成正方形 (需符合絹版尺寸)，將棋盤絹版覆蓋在麵團上 (圖 1)。
4. 再將巧克力麵糊絹印於麵團上 (圖 2、圖 3)。
5. 將棋盤捐版脫離麵團，再將四邊切齊。
6. 以上火 130℃ / 下火 110℃，烘烤約 40 分鐘，即完成作品。

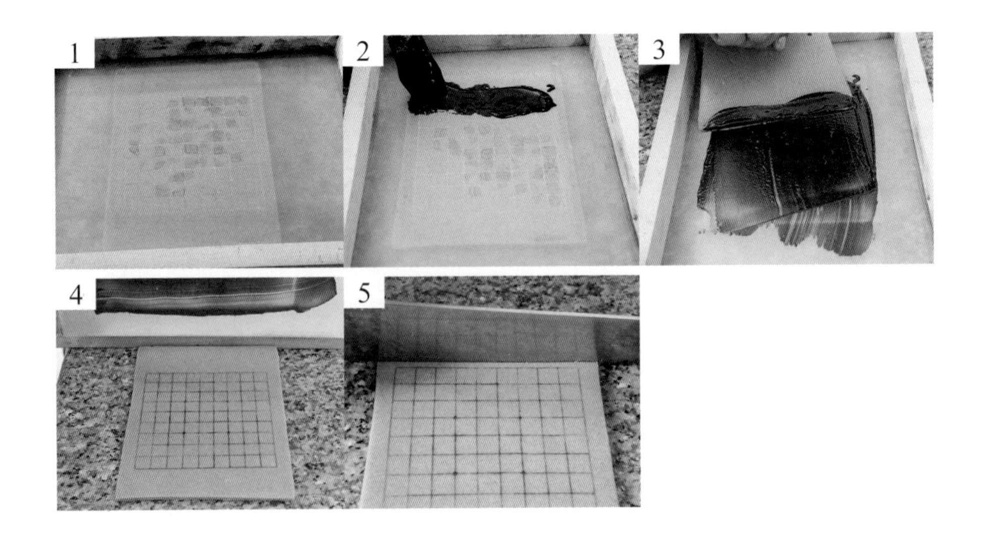

棋子

使用工具：矽膠墊、烤盤、切麵刀、棋子矽膠凹槽

1. 使用玫瑰白麵團與添加竹炭的糖漿麵團，將兩種麵團壓延光亮。
2. 將麵團分割同等重量，再搓揉成圓球狀。
3. 拿出已做好的矽膠凹槽，將麵團放在上面，進烤爐低溫烘烤。
4. 以上下火各 110℃，烘烤約 30 分鐘，即完成作品。

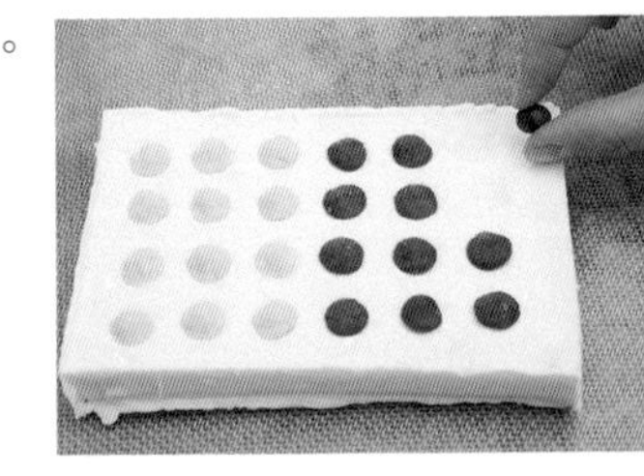

灯龙

錦旗

錦旗作法分為旗子跟旗桿，旗子著重於獸紋作法與拓印技巧，加上三色彩帶的配合來完成，烘烤顏色不可太深，低溫烘烤至乾燥熟化即可。

旗子

使用工具：矽膠墊、烤盤、切麵刀、字壓模、擀麵棍

1. 先將在來米麵團壓延光亮，再壓延至 1.5mm，鬆弛 30 分鐘。
2. 切割成長方型，再使用拓板、巧克力麵糊，拓印旗號 (圖 1)。
3. 使用三色緞帶麵團作法，做出緞帶片，再切出三角形成旗尾（圖 2）。
4. 將旗尾貼於在來米麵團下方（圖 3），在麵團上方平放鋁薄紙捲起（圖 4），以低溫烘烤，上下火各 110℃，約 40 分鐘，即完成作品。

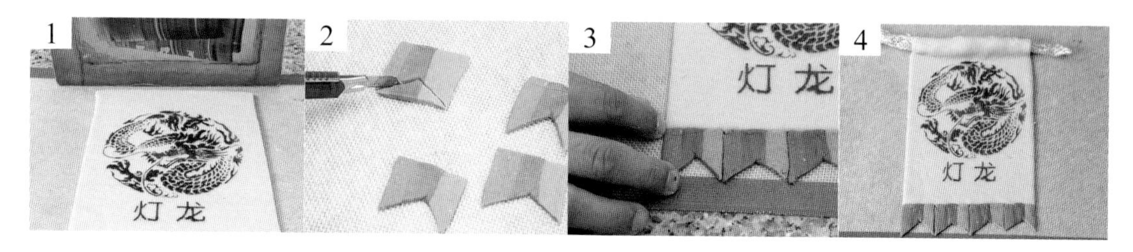

旗桿

使用工具：矽膠墊、烤盤、切麵刀、毛刷

旗桿作法分為旗竿跟旗架，旗竿需搓揉挺直，上端可為尖，旗架兩端可做對角幅度，旗架需橫放在旗竿上方處，需看的到旗竿的尖角。

1. 將糖漿麵團壓延光亮，再分成長、短兩等份，長為旗竿，短為旗架。
2. 旗竿部份搓揉所要長度，前頭捏出長尖形 (圖 1~ 圖 3)。
3. 旗架麵團的部份搓揉成長條，兩邊呈尖細形狀，再平均向內彎曲成所要的形狀（圖 4～圖 6）。
4. 將搓揉好的長條旗竿直放於矽膠墊上，再將旗架橫貼放於上（圖 7），以上下火各 130℃，烘烤 60 分鐘，與旗子組合即完成作品（圖 8）。

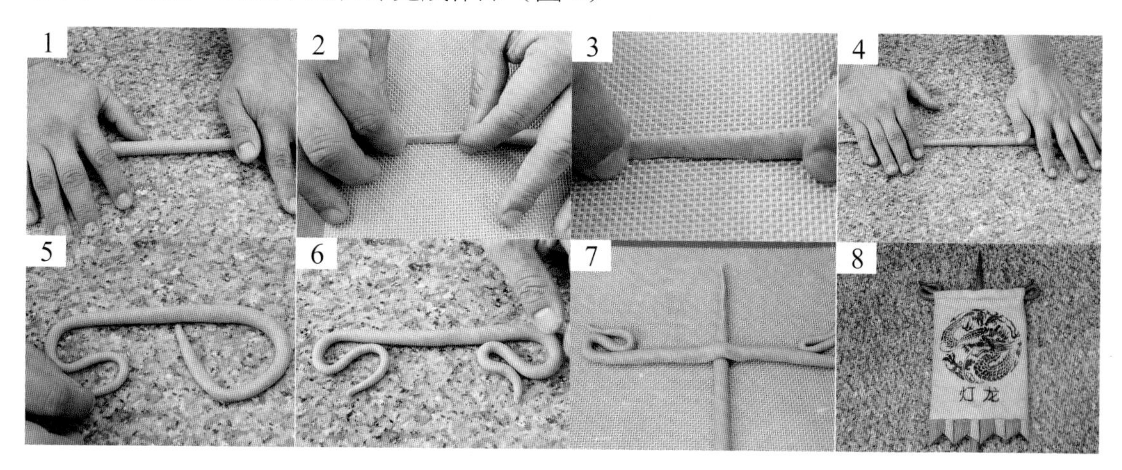

戰鼓

使用工具：
鼓型模具、矽膠墊、烤盤、切麵刀、杏仁膏捏塑道具、擀麵棍

使用糖麵團套入模具，經烘烤後完成基本粗胚，再披覆鼓身跟鼓背，加上鼓旁的釘扣，最後經由低溫烘烤成形。

1. 使用鼓型模具包覆錫箔紙，將糖漿麵團套入（圖 1），以上下火各 180℃，烘烤約 90 分鐘。
2. 把烤好的粗胚，先修飾切除膨脹與爆裂處，並使用少數麵團補上缺陷處。
3. 糖漿紅麴麵團壓延厚度約 3mm，以手指沾水將表面敷抹光亮（圖 2），披覆在粗胚兩側圍邊上（圖 3、圖 4），修齊邊緣（圖 5、圖 6）。
4. 再壓延厚度約 3mm 的在來米麵團（圖 7），披覆在粗胚兩側圓鼓上（圖 8），以手指沾水將表面敷抹光亮。
5. 使用杏仁膏捏塑道具，沿鼓邊圓等距離壓孔洞（圖 9），再搓揉數粒小圓扁球壓入孔洞內（圖 10），形成鼓釘形狀。
6. 使用麵團捏出獅頭釦造形（圖 11），乾燥兩天後，以上下各火 130℃，烘烤約 30 分鐘，即完成獅頭釦。
7. 待戰鼓主題麵團乾燥兩天後，放入烤箱以上下火各 130℃，烘烤約 40 分鐘，冷卻後，在雙邊黏獅頭扣（圖 12），即完成作品。

醒師

使用工具：醒獅頭模具、矽膠墊、烤盤、切麵刀、杏仁膏捏塑道具、細針、小刀、毛刷

使用麵團套入醒獅模具，經烘烤後完成基本粗胚，再依序捏塑添加耳朵眼睛及其他各部位，經由細工技巧來搭配成形。

1. 使用模具將糖漿麵團套入烘烤，上下火各 180℃，烤約 90 分鐘（圖 1）。
2. 先將烤好的粗胚修飾切，除膨脹與爆裂處，並使用少數麵團補於缺陷處。
3. 壓延一片厚度 4mm 的糖漿麵團，裁切一塊半圓形麵團為醒獅下巴（圖 2 ～圖 4）。
4. 依序貼上眼睛、嘴巴、耳朵、鼻子（圖 5），再壓延一片厚度約 3mm 糖漿麵團，披覆在粗胚上（圖 6），剪去多餘的麵團（圖 7），黏上醒獅下巴（圖 8），用手指沾水，將表面敷抹光亮，靜置鬆弛 3 小時乾燥後，進行烘烤。
5. 待冷卻後，依序使用各項技巧來搭配（圖 9 ～圖 16），增加完整度， 再以上下 140℃ / 下火 130℃，烘烤約 60 分鐘著色後，即完成作品。

＊可適當調整各顏色對比（如：黑糖漿、白麵團、在來米麵團、紅麴麵團、抹茶麵團等），也可以使用拉糖用色膏來繪畫色彩，添增美感。

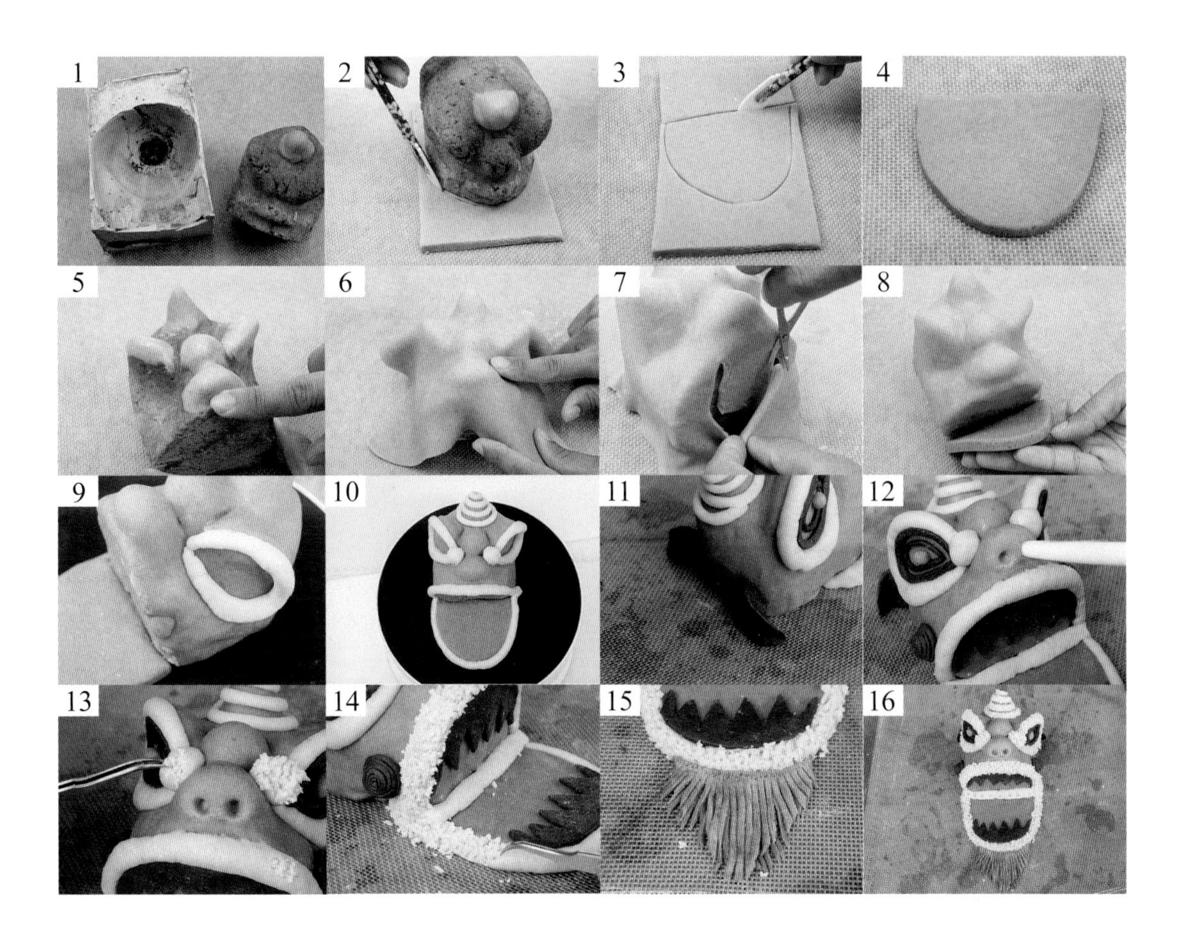

鬼面盾甲兵

使用工具：士兵模具、矽膠墊、烤盤、切麵刀、杏仁膏捏塑工具、細針、小刀、毛刷、盔甲壓模、獅頭壓模

立體 3D 人物製作，需時間與各種技巧來完成，先把基本烘烤粗胚完成，再逐步進行，進而達到主題呈現之目標。

1. 使用糖漿麵團壓延光亮，填入模型抹具，經後烘烤成基本人形粗胚（圖 1）。
2. 第一次修飾眼睛、嘴巴、耳朵、鼻子等輪廓後（圖 2 ～圖 4），再壓延一片厚度約 3mm 的糖漿麵團，披覆在粗胚上，修飾多餘的麵團（圖 5 ～圖 8），用手指沾水，待靜置鬆弛 3 小時乾燥後，以上下火各 130℃，烤約 180 分鐘。
3. 烘烤完後，再做第二次修飾，逐一將頭髮、內襯、盔甲、鞋子、手套穿上（圖 9 ～圖 36）。
4. 鬆弛乾燥後，擦拭蛋液，再以上下火各 130℃，烤約 120 分鐘，即完成作品。

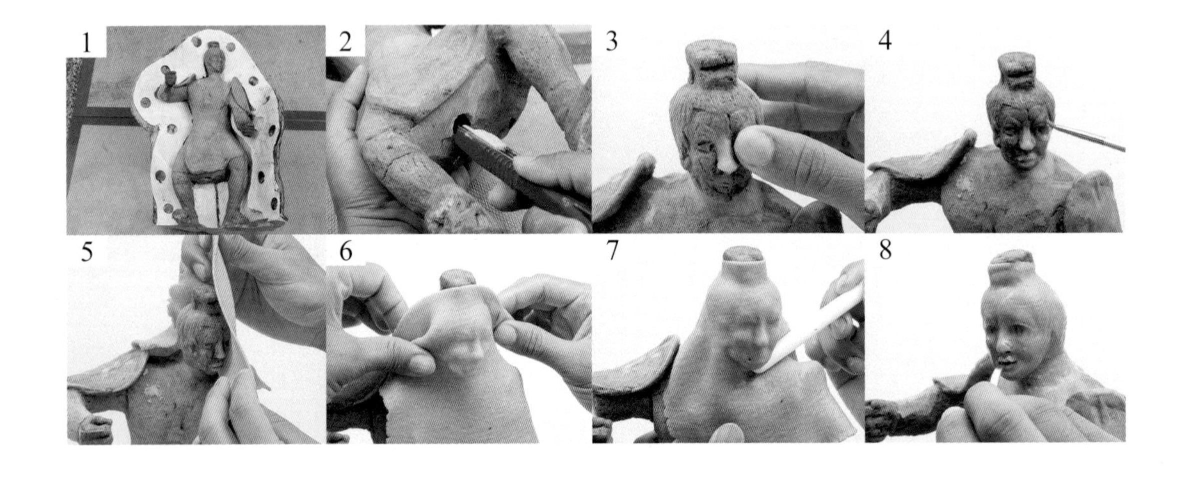

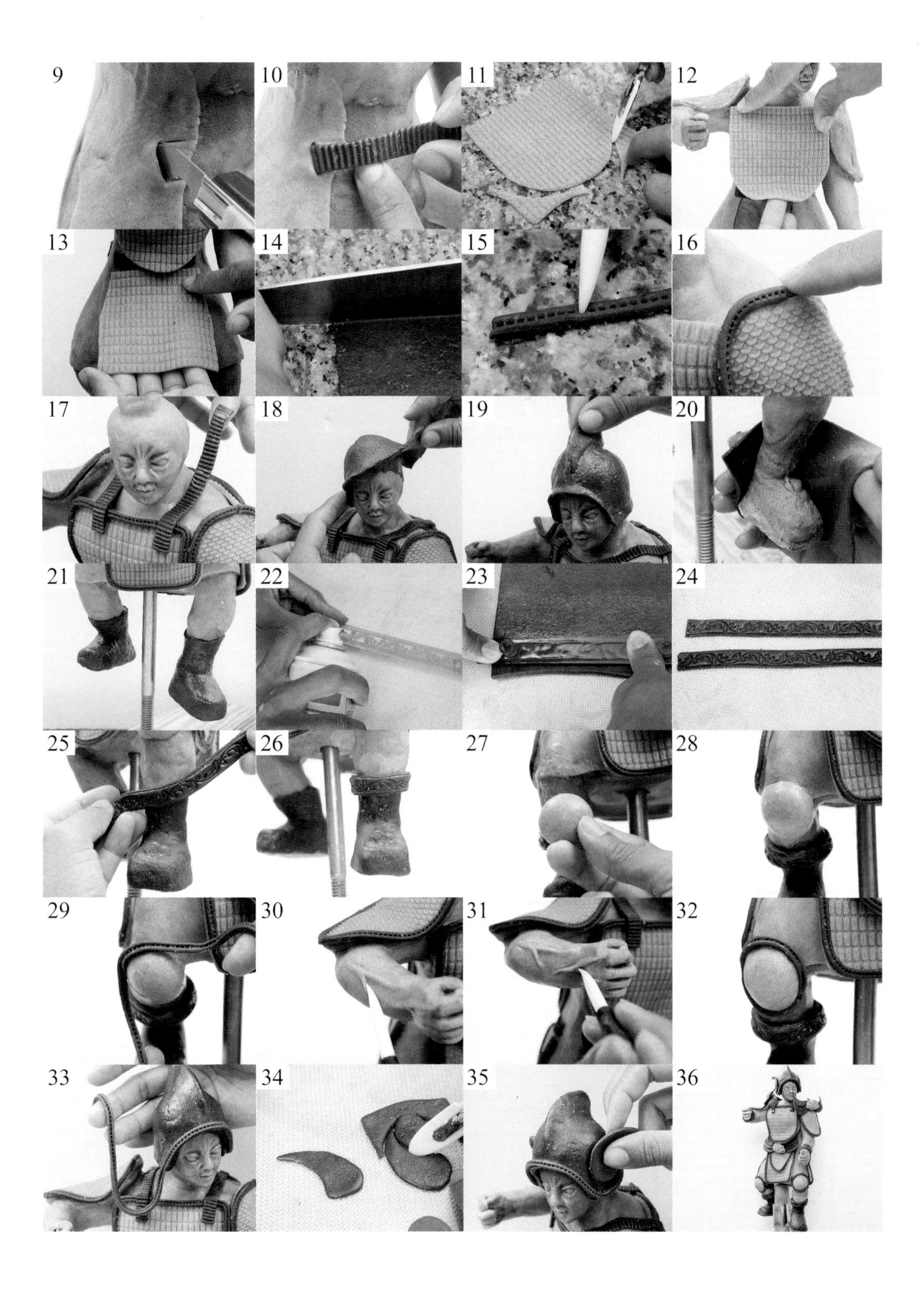
9
10
11
12
13
14
15
16
17
18
19
20
21
22
23
24
25
26
27
28
29
30
31
32
33
34
35
36

第七章
藝術麵包的烘烤溫度、時間與黏著組合

/ 烘烤溫度 /

1. 低溫烘烤

藝術麵包隨著麵團屬性不同，所烘烤的溫度也會不同，但多數以低溫 110℃ ~150℃範圍內，長時間烘烤為最佳方式，為了使其水分充份蒸發，以保持乾硬實體，增加其展示作用，延長保存時間。

2. 高溫烘烤

高溫 180℃ ~200℃烘烤的後的藝術麵包著色時間快，但容易使麵團表面起氣泡，烤後其內部水分未能有效蒸發，若經長時間烘烤，外觀著色速度快，易焦黑，作品經受潮後會很快軟化，直接引響作品陳列時穩定程度，導致作品不易組裝，會有倒塌的現象。

3. 高溫後低溫延續烘烤

以高溫 180℃ ~200℃在短時間烘烤著色後，再以低溫烘烤 50℃ ~110℃，使麵包表皮著色呈現更鮮明，但以高溫烘烤時需注意著色度與受熱時氣泡產生，避免作品焦黑或變形。

4 低溫烘烤半熟麵團

大多數以低溫 150℃ ~150℃烘烤約 10 分鐘半熟後再整形，減輕麵團麵筋度與彈性，可達到方便塑型的效果，但要注意烘烤的熟度，不宜烘烤太熟或沒熟，而整型時麵團內部散熱溫度也須拿捏得當。

/ 烘烤時間 /

藝術麵包烘烤時間，需以作品體積大小、麵團種類與烘烤溫度為判斷因素，若以低溫烘烤，大約需 2~3 小時，建議使用烤箱關閉後，餘溫長時間悶烤，為經濟實惠且能達到最佳效果的方式來完成。若經受潮後的作品，可藉由烤箱以低溫 110℃長時間再烘烤，其受潮水份蒸發後，就會再恢復原來硬實狀態。

/ 黏著組合 /

製作藝術麵包在黏著組合時，區分為生麵團與熟麵包體兩部份，生麵團切割或披覆時，會以全蛋液擦拭其中一個麵團作黏著體，再把第二個麵團體覆蓋黏上，經由乾燥或烘烤冷卻後就可黏著。第二部份為熟麵包體，是將所有主體配件烤熟成麵包體，經由冷卻後再黏著組合，這種熟化黏著組合方式是藝術麵包工藝技術需克服難度之一。早期會以溶解的調溫巧克力或砂糖趁未冷卻時黏著組合。但其缺點，會因組合或展示現場的室溫所引響，當室溫或溼氣太高時，破壞巧克力與糖的凝固力，進而失去了黏著緊密的特性，導致作品倒塌，無法維持陳列展示。

在熟麵包體黏著組合時，不管你是用巧克力或糖液皆可，當然若以有添加吉力丁熟化的麵糊或經由熟化的麵團來黏著，會是最恰當的方式之一，其黏著組合後，能耐室溫高溫與溼度的時間較長，而且跟藝術麵包體屬性也較相近，所表現出的黏著性會更高，在作品設計時，若將黏著組合處適當保留相對卡榫模式，能減少組合時間，並強化黏著穩定性，需要注意的是麵包體絕對不可有烘烤不足或受潮溼而軟化的現象，否則黏著後必定會出現嚴重無法凝固的狀態。

拉糖工藝用冷卻劑

噴霧式鐵罐裝，用途在拉糖組合黏著時，即速降低糖溶化的溫度，快速達到作品組裝時間，可使用在製藝術麵包組合黏著時，減短黏著冷卻時等待凝固的時間，適量使用即可。

很多對藝術麵包熟識不多的初學者，在組合黏著時會使用快乾或強力膠糊等，不可使用的化學黏著劑，這樣的作法雖然能達到快速又簡便的黏著，但麵包為熟食作品，絕對不可使用非可食性化學黏劑來組合。

以下黏著組合方式提供為使用參考：

巧克力黏著方式

巧克力切碎在經由溶化後，調溫使巧克力微凝固狀，再進行黏著， 黏著後再噴冷卻劑，縮短凝固待置時間。

糖液黏著方式

將砂糖溶化至 135℃ ~140℃後進行黏著，黏著後再噴冷卻劑，縮短凝固待置時間。

裸麥粉加吉利丁麵糊

裸麥粉加吉利丁麵糊：先將吉利丁片冰敷軟化後，隔水融化成液狀，再與糖水一起加入裸麥粉充分拌均，回鍋適當攪拌微凝狀態，再進行黏著，黏著後可以靜置微涼凝固或噴冷卻劑，縮短凝固待置時間。

裸麥粉加吉利丁麵糊配方

材料	百分比	重量
裸麥粉	100%	200g
沸水	150%	300g
吉利丁	25%	50g

熟化糖麵糊

將已完成糖麵團加入少許熱水，回鍋攪拌成為硬糊狀再進行黏著，黏著後噴冷卻劑，縮短凝固待置時間。

第八章
藝術麵包主題構思與競賽陳列

藝術麵包主題構思

藝術麵包作品呈現最初起源於所在意方向，而主題的配合與構思的方向是每位創作者首要細心考量的目標，主題越明顯，所表達意念則會更強烈，以本書作者在 2013 年香港國際廚藝美食競賽，所創作的作品『三國之呂布』為例 (如下圖)，以驍勇善戰雙手拿槍、騎馬奔跑模樣來表現主角呂布的英姿，兩旁搭配兩位斧頭盾甲步兵，前方則擺設防護盾牌與錦旗，後面則以捐印麵包板的技巧來詮釋三國時代四位著名的人物：曹操、孫權、劉備與孔明等，極明顯又強烈的來表明主題，讓所有觀賞者都能輕易的了解作品內容，並適當套用創作點子，將步兵盾牌做成鬼面，並在前面以編織所做成的護盾，貼上代表中國傳統吉祥、神勇龍圖模樣，來增加創意的概念，並豐富主題的可看性。

主題構思時，若在競賽時，需明確知道大會所設定的主題方向，可以用相關人物、動物、植物及歷史背景來表達，而善用捏塑、繪圖、色彩、與烘烤自然顏色，是種利用各項製作技巧，來表現出作品主題與工藝訴求的方式，而每項作品所表達的也不單只是製作技巧，也有作者賦予作品的獨特生命力，代表每位作者心理所想的意識與作品訴求方向，如生態訴求、人文訴求歷史訴求、生命訴求、生活訴求及各項意義訴求等等，當然也可以天馬行空來表達創意，但一定要讓觀賞者能一目瞭然，最好別複製別人的創意，那會脫離主題構思激發的意義。

藝術麵包陳列

一 、陳列方式

藝術麵包的陳列方式，以放置於壓克力防潮箱或玻璃櫥窗為最佳展示方式，若在競賽時則以作品實際展示呈現，在評審評分時檢查、作品完成要開始陳列擺設前，可先在展桌上鋪上絲布或麵包屑、鹽、糖、雜糧、穀類、麥穗等可食用材料作為底部裝飾搭配，再將作品陳列展示。

因國內、外各競賽環境不同，所規範提供展示空間與桌位也不相同，擺設的尺吋大致為：長 × 寬 (100cm×100cm，90cmm×90cm，120cm×90cmm，60cm×60cm)，高度則有不限或以該比賽規定的高度限定為主，各項競賽最重要的陳列評審規定，所要求的重點有兩項：第一、以不得超出大會所規定之擺設為原則；第二、作品陳列需能陳列 30 分鐘或評分前不倒塌為重點，若出現上述狀況，作品被扣分數或所得分數會相繼增減，是競賽陳列時一定要遵守的規定，作品規模大小設定時，需要仔細考量。

陳列作品時，底部的展示布巾與作品主述標示牌是絕對不可以忽略的重點，當作品與作品相互較勁時，就有很大差別，展示布條與作品顏色的對應，是否能『搭』配都需用心選擇，當然也不一定要挑單色系或折角平鋪，也可以使用波浪方式或集中鋪設，但布巾絕對要很平順又乾淨，而主述標示牌字體需大、內容要很清楚，在國際賽時務必使用中、英文對照字體，而邊框設計避開影響作品美觀的表達，千萬別做的太繁雜或太花俏。

二、競賽規範

無論在世界盃麵包大賽或國際性廚藝大賽(如新加坡、香港、上海等)，至國內外技能際賽選拔及各項地區性與商業行銷的麵包比賽，大多數規範有藝術麵包這項競賽職類，而比賽的性質也區分兩大類別：第一種類別為『動態』現場實務製作，第二種類別為『靜態』現場組裝擺設，兩者製作時間與作品細膩程度，所要求的評分重點皆不相同，各比賽的作品陳列規範與評分方式也有所不同，而國際廚藝大賽中的烘焙工藝展示類競賽，將烘烤過麵包與麵團列為同項競賽內容，而最大不同是麵包需經烘烤後熟化的過程，增加技術上的難度。

競賽類別	競賽方式	競賽時間
動態競賽	成品需現場實務製作僅能攜帶所規定材料或器具，食材需可食性，並可與其他種類麵包作品一起搭配陳列，不需使用壓克力展示箱。	6~10 小時
靜態競賽	成品已完成所有配件，並至現場組裝，食材需可食性，作品外觀較細膩，可放置於壓克力展示箱。	1~2 小時

三、評分重點

藝術麵包作品，隨著國內外競賽對作品的要求方向不同，所設定評分方式與內容也有差異，大多以主題、美觀、衛生、技術、態度、創意及風味等設定評分內容，而評分方式也大致區分為給分制與扣分制兩種方式，給分制由評審依項目分類比例評定分數，扣分制則以各項目依比率分配分數，由整體作品缺失逐一減少得分，重大國際比賽則會有合議制，除了所有指導老師評審還有聘請專業加入評分，指導老師不得評自己隊伍，並將總分合計再平均出所得分數高低排出得獎者。

藝術麵包為工藝展示類組，以作品不得倒蹋為最主要目標，其次為主體創意表現，作品技術難度，外觀顏色搭配與組合技巧，作品現場組裝時，需注意個人衛生操守，不可使用非可食性材料，以達專業食品衛生與可食用之規定，是種專業精神之表現。

第九章

作品參考與分享

只是最簡單的圓形組合，就能發揮創意，吸引多人的目光！（圖：貓熊）

麵包經烘烤過的著色與所散發出淡淡的麥香味，是其它工藝無法相比的！

只是個麵包粗胚，但要它很有形，四腳又能站立稱住，內部不能隱藏有任何鋼絲，鐵塊，能順利完成美觀的作品，這就是技巧！(圖：天麟)

麵包是有生命的，縱使被遺忘在一小角落，也能獨自發光發亮！(圖：開心迎春、爆竹來)

挑選展示布條是門很重要的課題，能使麵包更美觀並具有實質感觀加分作用。（圖：藝術麵包展示筐）

『主題』是作品最強烈的表徵，而創作者技巧的發揮，更是賦予作品生命的來源。（圖：海神媽祖）

一個完美的主題作品呈現，需要有很大的巧思與長時間的磨練、掙扎與考驗才能完成。（圖：中國醒獅）

一件完美的作品，能使在場者為之驚嘆，頻頻稱讚，這就是給予創作者，最大激賞與肯定！（圖：三國之呂布）

第十章

結論

『工欲善其事，必先利其器』，而羅馬更不是一天就能完成的，要將藝術麵包這門工藝作品完美的呈現，需要對各種麵團的特行、使用方式與創作方向有深刻的了解，並且要付出更多時間重複不斷的練習才能達成，而且也要有熱誠積極學習的心態，多學多看、多請益的決心，尤其面對製作時，除了要思考主題與架構，更要克服環境所帶來的困擾，面對精緻細工所帶來長時間的磨練，當作品有一定的展示或競賽期限時，就會給創作者帶來無形壓力的挑戰，所以善於運用時間、提早規劃主題與輔助器具就會有更足夠的製作時間來完成目標。

製作藝術麵包不只是形與美學的表現，更是創意本能地激發，將可食性材料運用得巧妙，就能使作品發揮出食之原味的意義，適當配合烘烤著色程度與天然食材原色的表現，是其他工藝技術所難達成的，也是每位創作者需巧思熟慮的方向，當然對其發展歷史、主要用途、製作流程與保存方式都需用心去瞭解，才能具有更專業的認知。

隨著時代的改變、資訊傳播迅速、各種製作技術的精進，創新了不少實用技巧，每年國內、外的麵包廚藝競賽與專業研習、期刊書籍裡，都會有推陳出新的做法出現，建議有心學習的創作者，可藉由實際參與體會，來增加學習興趣，衍生更大信心，並發揮更多的專業本能，接受更大挑戰，必能鑄造出更好、更美觀的作品，讓更多人嘆為觀止，稱讚不絕。

文獻參考

世界杯麵包大賽比賽消息網站 (2008)　http://www.coupelouislesaffre.fr

2012 年「世界麵包台灣區選拔比賽」規範，中華穀類食品工業技術研究所 (2009)。

教育部數位資源入口網麵包製作
http://content.edu.tw/vocation/food_production/tn_ag/food1/3.htm　(Professeur Raymond Calvel，2002)

徐華強、黃登訓、謝健一、顧德財 (1983) 等合著，實用麵包製作技術，中華穀類食品工業技術研究所研究所。

Lionel Poilane & Apollonia Poilane (2011)，普瓦蘭麵包之書，時報文化出版企業股份有限公司。44~48 頁

王文華，造型麵包，烘焙工業，(1994)，第 57 期 35 頁，財團法人中華穀類食品工業技術研究所。

戴淑貞，輕輕鬆鬆玩麵團，上優文化事業有限公司 (2008)，10~13 頁。

陳智達，藝術麵包，品度股份有限公司 (2001)，4-8 頁。

黎愛基，麵包製作大全，韜略出版有線公司 (1996)，45 頁。

何進興，痞客邦 PIXNET 美食情報部落格　(2009)http://boylondon.pixnet.net/blog/post/46829704#

黃威勳，2012 世界盃麵包大賽台灣代表隊歸國感恩講習會講義，(2012)，25 頁。

盧訓、張惠琴、徐永鑫、曾素芬、蘇翠娟、葉連德、周小玲、黃士禮、劉發勇、許燕斌、蔡敏、陳立真、黃湞鈺、饒家麟、李志勇、張明旭、廖漢雄，(2008) 等合著，烘焙學，華格那企業有限公司 (p1-p6)

陳文正、曹志雄、鄭富元、黃威勳 (2012) 初探藝術麵包的歷史與技術延伸，全國餐飲創新研發暨文化深耕產學合作學術與實務研討會，國立高雄餐旅大學會議手 01~06。

烘焙食材中英對照表

| 粉類 |

高筋麵粉	Bread flour
中筋麵粉	All purpose flour
低筋麵粉	Cake flour
全麥粉	Whole wheat flour
卡士達粉	Custard powder
玉米澱粉	Corn starch
泡打粉	Baking powder
蘇打粉	Baking soda
塔塔粉	Cream of tartar
杏仁粉	Grated almond powder
起士粉	Grated cheese
椰子粉	Grated coconuts
抹茶粉	Green tea powder
即溶咖啡粉	Instant coffee powder
可可粉	Unsweetened cocoa powder
榛果粉	Grated hazelnut powder
糖粉	Powdered sugar
奶粉	Milk powder

| 酒類 |

蘭姆酒	Rum
白蘭地酒	Brandy
琴酒	Gin
波特酒	Port
紅酒	Red wine
白酒	White wine
杏仁酒	Almond liqueur
櫻桃酒	Cherry liqueur
咖啡酒	Kahlua
百香果酒	Passion fruit liqueur
白色柑橘利口酒	Orange liqueur
可可利口酒	Cocoa liqueur
草莓利口酒	Strawberry liqueur
椰子利口酒	Coconut liqueur
香草利口酒	Vanilla liqueur

| 堅果類 |

黑棗	Black dates
榛果粒	Hazelnuts
榛果醬	Hazelnut paste
核桃碎	Chopped walnut
胡桃	Pecan
焦糖胡桃	Caramel pecan
核桃	Walnuts
杏桃乾	Dry apricot
杏桃	Apricot
開心果	Pistachios
開心果醬	Pistachio paste
杏仁果	Almond
杏仁片	Almond chips
進口的芭瑞脆片（杏仁脆片）	Imported almond crisp
松子	Pine nuts
夏威夷豆	Macadamias
栗子粒	Chestnuts
栗子碎	Coarsely chopped chestnuts
栗子醬	Chestnut paste
無糖栗子餡	Unsweetened chestnut filling
日式栗子餡	Japanese chestnut filling

蜜漬栗子粒	Sugar preserved chestnuts
無花果乾	Dried fig
無花果餡	Fig filling
燕麥片	Oat flakes
白芝麻	White sesame
什錦玉米果麥片	Cereal
什錦水果蜜餞	Assorted preserved fruits
麥粒爆米花	Malt popcorn
咖啡醬	Coffee paste

| 巧克力類 |

苦甜巧克力	Bitter sweet chocolate
黑巧克力粉	Dark chocolate powder
巧克力豆	Chocolate chips
白巧克力	White chocolate
牛奶巧克力	Milk chocolate
可可脂	Cocoa fat
葉子巧克力	Leaf shape chocolate
免調溫巧克力	Regular chocolate

| 水果乾類 |

葡萄乾	Raisins
蔓越莓乾	Cranberries

| 果泥類 |

芒果果泥	Mango puree
栗子果泥	Chestnut puree
椰子果泥	Coconut puree
鳳梨果泥	Pineapple puree
香蕉果泥	Banana puree
草莓果泥	Strawberry puree
洋梨果泥	Pear puree
百香果果泥	Passion fruit puree
覆盆子果泥	Raspberry puree
哈密瓜果泥	Sweet melon puree
小紅莓果泥	Red currant puree

| 蔬果類 |

蔬果類	
蔓越莓丁	Chopped cranberry
百香果汁	Passion fruit juice
覆盆子果粒	Fresh raspberries
檸檬汁	Lime juice
紅蘿蔔絲	Carrot julienne
紅蘿蔔汁	Carrot juice
柳橙皮	Orange zest
冷凍覆盆子粒	Frozen raspberries
黑莓果粒	Blackberries
小紅莓果汁	Red currant juice
檸檬皮絲	Lime zest

| 油類 |

發酵奶油	Cultured butter
無鹽奶油	Unsalted butter
無水奶油	Clarified butter
焦化奶油	Caramel butter
巨蛋奶油	Velvet butter
植物性鮮奶油	Hydrogenated whipping cream
動物鮮奶油	Heavy cream
沙拉油	Soy oil
奶油	Butter
酸奶油	Sour cream
白芝麻油	White sesame oil
奶油乳酪	Cream cheese
馬斯卡邦起士	Mascarpone

| 其他類 |

水	Water
礦泉水	Mineral water
糖	Sugar
二號砂糖	Light brown sugar

鹽	Salt
全蛋	Whole egg
蛋黃	Egg yolk
蛋白	Egg white
蛋黃粉	Egg yolk powder
蜂蜜	Honey
楓糖	Maple syrup
杏仁膏	Almond paste
鏡面果膠	Mirror gelatin
葡萄糖漿	Glucose syrup
焦糖糖液	Caramel syrup
轉化糖漿	Invert sugar
麥芽糖	Maltose
水麥芽	Light malt sugar
義大利蛋白霜	Italian meringue
肉桂棒	Cinnamon stick
香草莢	Vanilla pod
玉米糖漿	Corn syrup
透明果凍膠	Pectin
三花奶水	Evaporated milk
起酥皮	Puff pastry

烘焙生活 11
NEW 藝術麵包工藝製作

作　　者 / 陳文正
總 編 輯 / 薛永年
文字編輯 / Amber
美術總監 / 馬慧琪
美術編輯 / 李育如
業務副總 / 林啟瑞

出 版 者 / 上優文化事業有限公司
電　　話 / 02-8521-3848
傳　　真 / 02-8521-6206

總 經 銷 / 紅螞蟻圖書有限公司
地　　址 / 台北市內湖區舊宗路二段 121 巷 19 號
電　　話 / 02-2795-3656
傳　　真 / 02-2795-4100
E m a i l / 8521book@gmail.com
(如有任何疑問請聯絡此信箱洽詢)

網路書店 / www.books.com.tw 博客來網路書店
出版日期 / 2024 年 8 月
版　　次 / 一版三刷
定　　價 / 450 元

國家圖書館出版品預行編目 (CIP) 資料
NEW藝術麵包工藝製作
陳文正著 . -- 一版
新北市 : 上優文化 , 2024.08
144面 ; 19x26公分 (烘焙生活 ;11)
ISBN 978-986-6479-55-7(平裝)

1.CST:點心食譜 2.CST:麵包

427.16　　103021748

（黏貼處）

NEW 藝術麵包工藝製作

讀者回函

♥ 為了以更好的面貌再次與您相遇，期盼您說出真實的想法，給我們寶貴意見 ♥

姓名：	性別：□ 男 □ 女	年齡： 歲
聯絡電話：（日） （夜）		
Email：		
通訊地址：□□□-□□		
學歷：□ 國中以下 □ 高中 □ 專科 □ 大學 □ 研究所 □ 研究所以上		
職稱：□ 學生 □ 家庭主婦 □ 職員 □ 中高階主管 □ 經營者 □ 其他：		

● 購買本書的原因是？

□ 興趣使然 □ 工作需求 □ 排版設計很棒 □ 主題吸引 □ 喜歡作者 □ 喜歡出版社
□ 活動折扣 □ 親友推薦 □ 送禮 □ 其他：________________

● 就食譜叢書來說，您喜歡什麼樣的主題呢？

□ 中餐烹調 □ 西餐烹調 □ 日韓料理 □ 異國料理 □ 中式點心 □ 西式點心 □ 麵包
□ 健康飲食 □ 甜點裝飾技巧 □ 冰品 □ 咖啡 □ 茶 □ 創業資訊 □ 其他：________

● 就食譜叢書來說，您比較在意什麼？

□ 健康趨勢 □ 好不好吃 □ 作法簡單 □ 取材方便 □ 原理解析 □ 其他：________

● 會吸引你購買食譜書的原因有？

□ 作者 □ 出版社 □ 實用性高 □ 口碑推薦 □ 排版設計精美 □ 其他：________

● 跟我們說說話吧～想說什麼都可以哦！

□□□-□□

寄件人 地址：

姓名：

廣 告 回 信
免 貼 郵 票
三重郵局登記證
三重廣字第0751號

平 信

24253 新北市新莊區化成路 293 巷 32 號

上優文化事業有限公司　收

NEW 藝術麵包工藝製作　**讀者回函**

（請沿此虛線對折寄回）